U0203029

浙江农作物种质资源

丛书主编　林福呈　戚行江　施俊生

豆类作物卷

张小明　陈小央　刘合芹 等　著

科学出版社

北　京

内 容 简 介

在“第三次全国农作物种质资源普查与收集行动”基础上，结合以往考察调研工作，本书概述了浙江省豆类作物的栽培历史、种植模式、分布和类型，收录了大豆 118 份、蚕豆 9 份、饭豆 56 份、扁豆 60 份、绿豆 21 份、刀豆 13 份、赤豆 26 份、藜豆 7 份、利马豆 5 份、豇豆 4 份共 10 种豆类作物的 319 份资源，分别介绍了它们的名称、学名、采集地、主要特征特性、优异特性与利用价值、濒危状况及保护措施建议，并展示了相应种质资源的典型性状。

本书主要面向从事豆类作物种质资源保护、研究和利用的科技工作者、大专院校师生、农业管理部门工作者及豆类作物种植与加工从业人员，旨在提供浙江省豆类作物种质资源的有关信息，促进豆类作物种质资源的有效保护和可持续利用。

图书在版编目（CIP）数据

浙江农作物种质资源. 豆类作物卷 / 张小明等著. —北京：科学出版社，2023.3

ISBN 978-7-03-074821-8

Ⅰ. ①浙… Ⅱ. ①张… Ⅲ. ①作物－种质资源－浙江 ②豆类作物－种质资源－浙江 Ⅳ. ①S329.255 ②S520.24

中国国家版本馆CIP数据核字（2023）第023312号

责任编辑：陈 新 李 迪 闫小敏 / 责任校对：周思梦
责任印制：肖 兴 / 封面设计：无极书装

科学出版社 出版
北京东黄城根北街16号
邮政编码：100717
http://www.sciencep.com

北京九天鸿程印刷有限责任公司 印刷
科学出版社发行 各地新华书店经销

*

2023年3月第 一 版 开本：787×1092 1/16
2023年3月第一次印刷 印张：24
字数：569 000

定价：398.00 元

（如有印装质量问题，我社负责调换）

《浙江农作物种质资源·豆类作物卷》

著 者 名 单

主要著者

张小明　陈小央　刘合芹

其他著者

（以姓名汉语拼音为序）

柏　超　常志远　陈合云　傅旭军　高　耸
胡依君　黄吉祥　金杭霞　蓝丽芬　林祯芃
刘宏友　刘秀慧　陆艳婷　宋度林　汪飞燕
王俊杰　王素彬　邬志勇　巫明明　杨清华
姚云峰　叶　靖　叶胜海　尹设飞　俞法明
郁晓敏　袁凤杰　翟荣荣　赵妙苗　朱国富

“浙江农作物种质资源”

丛 书 序

农作物种质资源是农业科技原始创新、现代种业发展的物质基础，是保障粮食安全、建设生态文明、支撑农业可持续发展的战略性资源。近年来，随着城镇建设速度加快，自然环境、种植业结构和土地经营方式等的变化，大量地方品种快速消失，作物野生近缘植物资源急剧减少。因此，农业部（现农业农村部）于2015年启动了“第三次全国农作物种质资源普查与收集行动”，以查清我国农作物种质资源本底，并开展种质资源的抢救性收集工作。

浙江省为2017年第三批启动“第三次全国农作物种质资源普查与收集行动”的省份之一，完成了63个县（市、区）农作物种质资源的全面普查、20个县（市、区）农作物种质资源的系统调查和抢救性收集，查清了浙江省农作物种质资源的基本情况，收集到各类种质资源3200余份，开展了系统的鉴定评价，筛选出一批优异的农作物种质资源，进一步丰富了我国农作物种质资源的战略储备。

在此基础上，浙江省农业科学院系统梳理和总结了浙江省农作物种质资源调查与鉴定评价成果，组织相关科技人员编撰了“浙江农作物种质资源”丛书。该丛书是浙江省“第三次全国农作物种质资源普查与收集行动”的重要成果，其编撰出版对于更好地保护与利用浙江省的农作物种质资源具有重要意义。

值此丛书脱稿之际，作此序，表示祝贺，并希望浙江省进一步加强农作物种质资源保护，深入开展种质资源鉴定评价工作，挖掘优异种质、优异基因，进一步推动种质资源共享共用，为浙江省现代种业发展和乡村振兴做出更大贡献。

刘旭

中国工程院院士　刘旭

2022年2月

“浙江农作物种质资源”

丛书前言

浙江省地处亚热带季风气候带，四季分明，雨量丰沛，地貌形态多样，孕育了丰富的农作物种质资源。浙江省历来重视种质资源的收集保存，先后于1958年、2004年组织开展了全省农作物种质资源调查征集工作，建成了一批具有浙江省地方特色的种质资源保护基地，一批名优地方品种被列为省级重点种质资源保护对象。

2015年，农业部（现农业农村部）启动了“第三次全国农作物种质资源普查与收集行动”。根据总体部署，浙江省于2017年启动了“第三次全国农作物种质资源普查与收集行动”，旨在查清浙江省农作物种质资源本底，抢救性收集珍稀、濒危作物野生种质资源和地方特色品种，以保护浙江省农作物种质资源的多样性，维护农业可持续发展的生态环境。

经过4年多的不懈努力，在浙江省农业厅（现浙江省农业农村厅）和浙江省农业科学院的共同努力下，调查收集和征集到各类种质资源3222份，其中粮食作物1120份、经济作物247份、蔬菜作物1327份、果树作物522份、牧草绿肥作物6份。通过系统的鉴定评价，筛选出一批优异种质资源，其中武义小佛豆、庆元白杨梅、东阳红粟、舟山海萝卜等4份地方特色种质资源先后入选农业农村部评选的2018～2021年“十大优异农作物种质资源”。

为全面总结浙江省“第三次全国农作物种质资源普查与收集行动”成果，浙江省农业科学院组织相关科技人员编撰“浙江农作物种质资源”丛书。本丛书分6卷，共收录了2030份农作物种质资源，其中水稻和油料作物165份、旱粮作物279份、豆类作物319份、大宗蔬菜559份、特色蔬菜187份、果树521份。丛书描述了每份种质资源的名称、学名、采集地、主要特征特性、优异特性与利用价值、濒危状况及保护措施建议等，多数种质资源在抗病性、抗逆性、品质等方面有较大优势，或富含功能因子、观赏价值等，对基础研究具有较高的科学价值，必将在种业发展、乡村振兴等方面发挥巨大作用。

本套丛书集科学性、系统性、实用性、资料性于一体，内容丰富，图文并茂，既可作为农作物种质资源领域的科技专著，又可供从事作物育种和遗传资源研究人员、大专院校师生、农业技术推广人员、种植户等参考。

由于浙江省农作物种质资源的多样性和复杂性，资料难以收全，尽管在编撰和统稿过程中注意了数据的补充、核实和编撰体例的一致性，但限于著者水平，书中不足之处在所难免，敬请广大读者不吝指正。

浙江省农业科学院院长　林福呈

2022年2月

目　录

第一章 绪论

浙江地处长江三角洲地区、中国东南沿海，位于北纬27°02′～31°11′、东经118°01′～123°10′，东临东海，南接福建，西与安徽、江西相连，北与上海、江苏接壤。地势由西南向东北倾斜，地形复杂，山脉自西南向东北成大致平行的三支，地跨钱塘江、瓯江、灵江、苕溪、甬江、飞云江、鳌江、曹娥江八大水系，由平原、丘陵、盆地、山地、岛屿构成，陆域面积10.55万km^2。浙江省下辖11个地级行政区，90个县（市、区）。根据第七次全国人口普查结果，2020年11月1日零时常住人口6456.7588万。据《浙江统计年鉴2021》（浙江省统计局，2021），2020年豆类作物播种面积11.581万hm^2、单产2663kg/hm^2、总产30.84万t，其中大豆播种面积8.275万hm^2、单产2628kg/hm^2、总产21.75万t。

浙江地处亚热带中部，属季风性湿润气候，气温适中，四季分明，光照充足，雨量充沛，生态类型多样，农作物种类繁多，是我国种质资源较为丰富的省份之一。近年来，随着气候、耕作制度和农业经营方式变化，特别是城镇化、工业化快速发展的影响，大量地方品种消失，作物野生近缘植物资源因其赖以生存繁衍的栖息地遭受破坏而急剧减少。因此，亟须通过农作物种质资源普查和收集，摸清浙江省农作物种质资源的家底，收集珍稀种质资源、鉴定评价并发掘优异基因，丰富浙江省农作物种质资源的遗传多样性，为育种产业发展提供新资源、新基因，因此具有重要意义。

1953年，浙江省在全省范围首次组织征集主要农作物种质资源，收集到豆类种质资源410份，其中蚕豆种质资源294份。受当时条件所限，种质资源主要由育种者分散保存。由于历史原因，当时征集的许多种质资源已散失。改革开放以后，浙江省农业厅及浙江省农业科学院等科研单位先后组织对水稻、大豆等作物开展种质资源的普查征集工作，征集的种质资源主要交付国家农作物种质资源库保存。据统计，1994年浙江省保存野生大豆资源166份、栽培大豆895份，其中栽培大豆包括春大豆150份、夏大豆397份、秋大豆348份。经过1958年和1979年两次全面征集以及后续多次收集，共收集大豆资源641份（其中20世纪70年代征集到野生大豆166份）、蚕豆资源440份（实际保存294份）。浙江省各级农业科学院（所）根据育种课题的需要，陆续开展了相关作物种质资源的征集和保存，现有农作物种质资源约6.5万份，主要有水稻3.6万余份，蔬菜1万余份，大小麦4400余份，玉米3600多份，大豆2100多份，食用菌600余份，油菜、麻类、棉花、茶叶、桑树和果树数百份不等。保存设备主要是超低温冰箱，部分是普通冰箱和种子冷藏库，少数单位还用碳干燥桶保存，果树等则以种植圃保存为主。保存状况与课题组研究内容、期限以及人力财力有关，课题组主要保存对完成课题任务“有用的”种质资源，大量的种质资源得不到定期的繁育复壮，失活或散失严重。同时又存在不通互有、重复保存等情况（阮晓亮和石建尧，2008）。

浙江省根据农业部（现农业农村部）“第三次全国农作物种质资源普查与收集行动”统一部署，于2017年全面开展农作物种质资源的普查与收集工作。2017年，浙江省农业厅印发了《浙江省农作物种质资源普查与收集行动实施方案》（浙农专发

〔2017〕34号），浙江省农业科学院印发了《第三次全国农作物种质资源普查与收集行动浙江省农业科学院实施方案》。浙江省对全省63个县（市、区）开展各类作物种质资源的全面普查，征集各类古老、珍稀、特有、名优的作物地方品种和野生近缘植物种质资源。在此基础上，选择20个农作物种质资源丰富的县（市、区）进行农作物种质资源的系统调查，明确了种质资源的特征特性、地理分布、历史演变、栽培方式、利用价值、濒危状况和保护利用情况。同时，对收集到的种质资源进行扩繁和基本生物学特征特性鉴定评价，组织专家编写“浙江农作物种质资源”丛书等。

浙江省农业农村厅种子管理总站负责组织全省63个普查县（市、区）农作物种质资源的全面普查和征集，组织普查与征集人员的培训，建立省级种质资源普查与调查数据库。市种子管理站负责汇总辖区内各普查县（市、区）提交的普查信息，审核通过后提交省种子管理总站。县级农业农村局承担本县（市、区）农作物种质资源的全面普查和征集工作，起草本县（市、区）实施方案，组建普查收集队伍，开展普查宣传活动，组织普查人员对辖区内的种质资源进行普查，并将数据录入数据库，按要求将征集的农作物种质资源送交浙江省农业科学院进行繁殖更新和鉴定评价。浙江省农业科学院组建由粮食作物、蔬菜、园艺、牧草等专业技术人员组成的系统调查队伍，参与全省63个普查县（市、区）农作物种质资源的普查和征集，重点负责20个调查县（市、区）的系统调查和抢救性收集，做好征集和收集资源的繁殖更新、鉴定评价以及入库工作。根据农作物种质资源的类别和系统调查的实际需求，浙江省还邀请其他相关科研机构有关专业技术人员参与作物种质资源的系统调查和抢救性收集。2017～2020年，直接参加本项目的普查与调查技术人员有800多人，共培训3300多人次，召开座谈会300多次，对63个县（市、区）进行了普查，走访了11个地级市63个县（市、区）476个乡（镇）的931个村委会，访问了3500多位村民和100多位基层干部、农技人员，总行程7万多公里。

《浙江农作物种质资源·豆类作物卷》收录的319份豆类作物种质资源是浙江省“第三次全国农作物种质资源普查与收集行动”的成果之一，分别采集于浙江11个地级市：杭州49份（萧山区3份、富阳区5份、临安区12份、桐庐县1份、建德市8份、淳安县20份），宁波13份（奉化区8份、宁海县5份），温州27份（永嘉县1份、洞头区5份、瑞安市10份、苍南县6份、文成县2份、泰顺县3份），绍兴17份（上虞区6份、诸暨市6份、嵊州市2份、新昌县3份），湖州21份（吴兴区3份、长兴县15份、安吉县3份），嘉兴42份（平湖市9份、桐乡市18份、嘉善县11份、海盐县4份），金华53份（兰溪市3份、东阳市4份、永康市2份、武义县19份、浦江县20份、磐安县3份、义乌市2份），衢州31份（柯城区1份、衢江区9份、江山市5份、常山县2份、开化县9份、龙游县5份），台州17份（黄岩区7份、临海市2份、温岭市1份、天台县2份、仙居县4份、路桥区1份），丽水38份（莲都区4份、龙泉市1份、青田县1份、遂昌县3份、松阳县4份、庆元县14份、景宁畲族自治县11份），舟山6份（定海区6份），其他地址不详5份。

本书主要内容包括大豆、蚕豆、饭豆等10种豆类作物，分9章共收录了319份资源。第一章为绪论。第二章至第四章分别介绍了大豆、蚕豆和饭豆，分别收录了118份、9份和56份资源；第五章至第九章分别介绍了扁豆、绿豆、刀豆、赤豆、藜豆、利马豆和豇豆，分别收录了60份、21份、13份、26份、7份、5份和4份资源。下面主要介绍本书所收录大豆、蚕豆、饭豆、扁豆、绿豆、刀豆、赤豆的资源概况。

大豆为短日照作物，品种的适应范围相对比较窄。浙江大豆种质资源丰富、类型众多，用途有粒用和鲜食之分，近几年粒用大豆与鲜食大豆的种植面积基本上各占一半。本书收录的栽培大豆多为地方品种，按种植季节可分为春大豆（4月上旬播种，6月下旬至7月中上旬收获）、夏大豆（6月下旬至7月上旬播种，10月中下旬收获）和秋大豆（7月下旬至8月上旬播种，11月中上旬收获）3种类型。栽培大豆出苗至成熟天数为70～120天，子叶节至植株生长点距离35～205cm，多为有限结荚习性，少量为亚有限结荚习性，叶片椭圆形、卵圆形或披针形，叶深绿色，花白色或紫色，茸毛棕色或灰色，籽粒圆形、椭圆形或扁椭圆形，种皮黄色、绿色或黑色（个别资源种皮黄黑双色），子叶黄色或绿色，种脐黑色、黄色或褐色，百粒重平均30.2g（最大可达53.5g）；野生大豆为无限结荚习性，百粒重2.1～2.5g，呈现丰富的多样性。地方品种具有较强的适应性、抗病性、抗逆性和稳产性，在浙江省大豆生产上曾长期种植，发挥了重要作用，如春大豆五月拔、德清黑豆，秋大豆九月拔、毛蓬青等。20世纪八九十年代，通过深入观察和评价，大量优良地方品种逐渐被发掘并用作系统选育与杂交育种的基础材料。

蚕豆为常异花授粉作物，别名胡豆、佛豆、罗汉豆、大豆等，一般有百粒重120g以上的大粒种（如慈蚕1号、双绿5号等）、70～120g的中粒种（如平湖皂荚种、杭州三月黄等）、70g以下的小粒种（如平阳早豆子、金华小粒种等）3种类型。按种皮颜色，可分为青皮种（如上虞田鸡青、嘉善香珠豆等）、白皮种（如慈溪大白蚕、平阳早豆子等）和红皮种3种类型。根据用途不同，分为粒用、菜用、饲用和绿肥用4种类型。按播种期和冬春性不同，分为冬蚕豆和春蚕豆。按成熟期，可分为早熟种（如杭州三月黄、平阳早豆子）、中熟种（如上虞田鸡青等）、晚熟种（如慈蚕1号、慈溪大白蚕、嘉兴牛踏扁等）3种类型。1979～1981年，浙江省农业科学院作物研究所郎莉娟等调查了全省40多个县（市），共征集到蚕豆地方品种294份，从这些地方品种的混合群体中整理出121份，随后又从外省征集品种资源74份，从国外引进品种资源266份，总计755份，均按国家统一制定的性状鉴定记载标准进行种质鉴定。1985～1990年，浙江省农业科学院作物研究所对从浙江省内征集到的以及国外引入的681份品种资源分期分批繁种、精选，送交国家农作物种质资源库长期保存。本书收录的蚕豆资源是具有特色或代表性的地方品种，播种至采收鲜荚天数为116～183天，大、中、小粒型，株高80～107cm，节间数17～23节，单株分枝数5～8个，叶片绿色或深绿色，小叶卵圆形或椭圆形，茎秆紫色、紫斑纹或绿色，花翼瓣黑色，每花序花3～5朵，初荚节位为第3～5节，单株荚果数平均36个（最多可达86个），鲜荚绿色，鲜荚长7.7～12.0cm，鲜荚宽1.6～2.5cm，鲜荚重6.5～23.0g，种皮浅绿色、浅褐色、绿色、褐色、深绿色，种脐浅绿色、绿色或黑色，百粒重平均108g（最大可达175g）。

饭豆对光温反应比较敏感，别名爬山豆、巴山豆、竹豆、米豆、蔓豆等，一般6月中下旬至7月中下旬种植，9～11月收获。按生长习性分为直立生长、半蔓生、蔓生3种，按结荚习性分为有限结荚和无限结荚两种，按成熟荚颜色分为黄白、褐、黑，按种皮颜色分为白、黄、绿、红、褐、黑、花纹、花斑（双色），按籽粒大小分为小、中、大、特大。在浙江省广泛种植，但基本都是零星种植，鲜有规模化种植。本书收录的饭豆有野生资源和农家品种，有早、中、晚熟多种类型，多为无限结荚习性，部分为有限结荚或半有限结荚习性，株高57～316cm，茎粗3.7～12.5mm，主茎节数11.3～31.7节，主茎分枝数2.0～8.7个，花黄色，荚果长83.2～133.6mm，荚果宽4.0～6.5mm，荚果褐色，每荚粒数5.6～12.1粒，荚果镰刀形，籽粒长5.4～8.5mm，籽粒宽3.0～4.8mm，种皮红色、黄色、米黄色或紫黑花斑色，种脐白色，百粒重3.5～12.1g，单株荚果数平均38.1个（最多可达121.2个），呈现丰富的多样性。

浙江省扁豆种质资源丰富，扁豆属多年生缠绕藤本或近直立植物，是药食两用作物。一般3～4月种植，6月开始采嫩荚，7月中旬至8月中旬高温不能结荚，9～11月又结荚可以收获。花色、荚色、荚形、粒色、粒形类型丰富，花色有白和红两种类型，嫩荚色有浅绿、绿、红带绿、浅红、紫红等，荚形有扁平和鼓起两种，扁平豆荚的大小、宽窄差异较大，豆荚有镰刀形、眉形、月牙形、耳形（猫耳朵、猪耳朵）、葱管形（圆条形）等，不同荚形有不同荚色，籽粒有白色、暗黄色、红褐色、紫黑色、黑色等，粒形有近圆形、卵圆形、椭圆形、柱形（也称葱管形）等，花序有长花序、短花序和中花序，熟性有早熟、晚熟等，嫩荚有食用、非食用（白籽扁豆）两种，从而形成了丰富多彩的扁豆类型。本书收录的扁豆都为地方品种，没有野生资源，无限生长习性，主茎分枝数2.3～10.3个，茎粗7.5～18.9mm，花色有红、白或红白、粉白，荚果长5.7～15.9cm，荚果宽1.3～8.7cm，每荚粒数3.7～6.0粒，籽粒长9.3～15.5mm，籽粒宽7.4～10.5mm，种皮黑色、白色、黄色、红斑色、红褐色、紫黑花斑色等，百粒重29.5～64.9g，单株荚果平均70.1个（最多可达226个）。

绿豆是一年生草本植物，对光温不敏感，主要用来煮粥、做汤以及加工成绿豆糕、绿豆饼、绿豆粉丝、绿豆粉皮、绿豆粉等产品，具有全生育期短、抗旱、耐贫瘠、可固氮、适应性强、适播期长等特点。在浙江省零星种植，春播在4月中下旬，夏播在5月下旬，秋播在7月下旬至8月上旬。野生绿豆感光性强，秋天短日照时才能开花。栽培绿豆按种皮颜色分为黄、绿、褐、蓝青、黑5种，按生长习性分为直立生长、半蔓生、蔓生3种，按结荚习性分为有限结荚和无限结荚两种。本书收录的绿豆有野生资源和地方品种，蔓生、半蔓生或直立生长，生育期70～182天，株高52.2～90.0cm，主茎节数9.5～14.7节，主茎分枝数2.8～5.8个，花色有黄、黄绿、浅黄或浅紫，荚果黑色、褐色或黄白色，荚果长56.0～136.0mm，荚果宽3.8～7.2mm，每荚粒数9.9～16.2粒，籽粒长3.3～5.6mm，籽粒宽2.8～4.1mm，种皮绿色、黑色或黄绿色等，种脐白色，百粒重1.8～6.3g，单株荚果数18.9～54.3个。

本书收录的刀豆均为地方品种，全生育期165～170天，花色有花白或粉红、浅紫、粉白，难落叶，荚黄白色，荚果长22.8～33.2cm，荚果宽3.7～4.4cm，每荚粒数7.0～10.3粒，百粒鲜重150.0～235.2g，种皮红褐色，种脐黑灰色。

本书收录的赤豆多为地方品种，全生育期74～107天，株高39.7～99.3cm，主茎节数11.0～21.7节，主茎分枝数2.3～9.0个，花黄色或浅黄色，荚果黄褐色，鲜荚长73～135mm，鲜荚宽5～8mm，鲜荚厚6.5mm，每荚粒数4.2～10.2粒，百粒重6.1～21.4g，种皮红色，种脐灰白色。

第二章

浙江省大豆种质资源

第一节　野生大豆

1 浦江野黑豆

【学　名】Leguminosae（豆科）*Glycine*（大豆属）*Glycine soja*（野大豆）。
【采集地】浙江省金华市浦江县。

【主要特征特性】一年生缠绕草本植物；全生育期较长，从出苗到完全枯萎100天；植株较高，成熟时从子叶节到植株生长点150.0cm以上，蔓生，无限结荚习性；叶片椭圆形，叶色深绿；紫花，茸毛棕色；结荚分散，结荚节位较高；籽粒椭圆形，种皮黑色，子叶黄色，种脐黑色；百粒重2.5g。当地农民认为该资源田间繁殖能力较强，籽粒商品性一般，产量水平较低。

【优异特性与利用价值】浙江省内各地均可种植，繁殖能力强，环境适应性较好。可饲用。

【濒危状况及保护措施建议】在浦江县各乡镇田边、河岸零星生长，较难收集到，建议异位妥善保存。

2 野大豆

【学　名】Leguminosae（豆科）*Glycine*（大豆属）*Glycine soja*（野大豆）。
【采集地】浙江省杭州市富阳区。

【主要特征特性】4月下旬至7月上旬播种，10月上旬至下旬采收，全生育期较长，从出苗到成熟100～160天；株高高，成熟时从子叶节到植株生长点可达500.0cm，蔓生，无限结荚习性；叶片披针形，叶色深绿；浅紫色花，主茎茸毛棕色，下胚轴浅紫色；成熟豆荚深褐色，籽粒椭圆形，种皮黑色，子叶黄色，种脐深褐色；百粒重2.1g。田间表现中抗病毒病、炭疽病。当地农民认为该资源是家畜喜食的饲料，可用作牧草、绿肥和水土保持植物。全株可药用，有补气血、强壮、利尿等功效，具有较好的保健功能。
【优异特性与利用价值】具有许多优良性状，如耐盐碱、耐阴、抗旱、抗病等，是栽培大豆的近缘野生种，杂交结实，可利用其优良性状用作育种材料。
【濒危状况及保护措施建议】在富阳区较为普遍，适应能力强，目前还有零星分布，但长期大量采挖作药用，且在开荒、修路时没有加以保护，野生植株急剧减少，建议异位妥善保存。

第二节 春大豆

1 岔路早豆

【学　名】Leguminosae（豆科）*Glycine*（大豆属）*Glycine max*（大豆）。
【采集地】浙江省宁波市宁海县。

【主要特征特性】南方春大豆品种；全生育期适中，从出苗到成熟70天；株高适中，成熟时从子叶节到植株生长点57.0cm，株型收敛，有限结荚习性；叶片椭圆形，叶色深绿；白花，茸毛棕色；结荚分散，结荚节位较高；籽粒扁椭圆形，种皮黄色，子叶黄色，种脐褐色；百粒重11.5g。田间表现、产量一般。当地农民认为该品种品质优。

【优异特性与利用价值】浙江省内各地均可种植，籽粒商品性好。可食用或作为加工原料。

【濒危状况及保护措施建议】在宁海县各乡镇农户零星种植，已很难收集到。在异位妥善保存的同时，建议扩大种植面积。

2 淳安六月白豆

【学　名】Leguminosae（豆科）*Glycine*（大豆属）*Glycine max*（大豆）。
【采集地】浙江省杭州市淳安县。

【主要特征特性】南方春大豆品种；全生育期适中，从出苗到成熟70天；植株较高，成熟时从子叶节到植株生长点80.0cm，株型收敛，有限结荚习性；叶片椭圆形，叶色深绿；白花，茸毛棕色；结荚分散，结荚节位较高；籽粒圆形，种皮黄色，子叶黄色，种脐黑色；百粒重15.5g。田间表现、产量一般。当地农民认为该品种品质优。

【优异特性与利用价值】浙江省内各地均可种植，籽粒商品性好。可食用或作为加工原料。

【濒危状况及保护措施建议】在淳安县各乡镇农户零星种植，已很难收集到。在异位妥善保存的同时，建议扩大种植面积。

3 淳安六月青皮豆

【学　名】Leguminosae（豆科）*Glycine*（大豆属）*Glycine max*（大豆）。
【采集地】浙江省杭州市淳安县。

【主要特征特性】南方春大豆品种；全生育期适中，从出苗到成熟75天；株高适中，成熟时从子叶节到植株生长点45.0cm，株型收敛，有限结荚习性；叶片椭圆形，叶色深绿；紫花，茸毛棕色；结荚分散，结荚节位较高；籽粒圆形，种皮淡绿色，子叶黄色，种脐黑色；百粒重14.5g。田间表现、产量一般。当地农民认为该品种品质优。

【优异特性与利用价值】浙江省内各地均可种植，籽粒商品性好。可食用或作为加工原料。

【濒危状况及保护措施建议】在淳安县各乡镇农户零星种植，已很难收集到。在异位妥善保存的同时，建议扩大种植面积。

4 浦江羊毛豆

【学　名】Leguminosae（豆科）*Glycine*（大豆属）*Glycine max*（大豆）。
【采集地】浙江省金华市浦江县。

【主要特征特性】南方春大豆品种；全生育期适中，从出苗到成熟70天；株高适中，成熟时从子叶节到植株生长点48.0cm，株型收敛，有限结荚习性；叶片椭圆形，叶色深绿；紫花，茸毛灰色；结荚分散，结荚节位较高；籽粒圆形，种皮黄色，子叶黄色，种脐褐色；百粒重13.5g。田间表现、产量一般。当地农民认为该品种籽粒品质优，所产豆腐皮外观、品质都好，但产量低。
【优异特性与利用价值】浙江省内各地均可种植，籽粒商品性较好。可食用或作为豆腐皮加工原料。
【濒危状况及保护措施建议】在浦江县各乡镇农户零星种植，已很难收集到。在异位妥善保存的同时，建议扩大种植面积。

5 芹阳六月豆

【学　名】Leguminosae（豆科）*Glycine*（大豆属）*Glycine max*（大豆）。
【采集地】浙江省衢州市开化县。

【主要特征特性】南方春大豆品种；全生育期适中，从出苗到成熟70天；植株较高，成熟时从子叶节到植株生长点69.0cm，株型收敛，有限结荚习性；叶片椭圆形，叶色深绿；紫花，茸毛棕色；结荚分散，结荚节位较高；籽粒椭圆形，种皮黑色，子叶黄色，种脐黑色；百粒重9.5g。田间表现、产量一般。当地农民认为该品种品质优，抗旱、耐寒、耐热、耐涝、耐贫瘠。
【优异特性与利用价值】浙江省内各地均可种植，籽粒商品性较好。可食用、保健药用或作为加工原料。
【濒危状况及保护措施建议】在开化县各乡镇农户零星种植，已很难收集到。在异位妥善保存的同时，建议扩大种植面积。

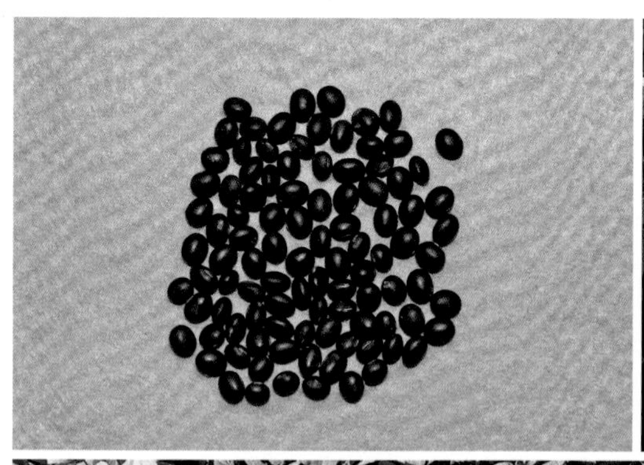

6 天台细毛白

【学 名】Leguminosae（豆科）*Glycine*（大豆属）*Glycine max*（大豆）。
【采集地】浙江省台州市天台县。

【主要特征特性】南方春大豆品种；全生育期适中，从出苗到成熟75天；株高适中，成熟时从子叶节到植株生长点40.0cm，株型收敛，有限结荚习性；叶片椭圆形，叶色深绿；紫花，茸毛棕色；结荚分散，结荚节位较高；籽粒椭圆形，种皮黄色，子叶黄色，种脐褐色；百粒重14.5g。田间表现、产量一般。当地农民认为该品种食味佳。
【优异特性与利用价值】浙江省内各地均可种植，籽粒商品性较好。可食用或作为加工原料。
【濒危状况及保护措施建议】在天台县各乡镇农户零星种植，已很难收集到。在异位妥善保存的同时，建议扩大种植面积。

第三节 夏大豆

1 安阳黑豆

【学 名】Leguminosae（豆科）*Glycine*（大豆属）*Glycine max*（大豆）。
【采集地】浙江省杭州市淳安县。

【主要特征特性】南方夏大豆品种；全生育期较长，从出苗到成熟100天；株高适中，成熟时从子叶节到植株生长点68.0cm，株型收敛，有限结荚习性；叶片椭圆形，叶色深绿；紫花，茸毛棕色；结荚分散，结荚节位较高；籽粒椭圆形，种皮黑色，子叶绿色，种脐黑色；百粒重29.5g。田间表现、产量一般。当地农民认为该品种品质优。
【优异特性与利用价值】浙江省各地均可种植，籽粒商品性较好。可食用、保健药用及作为加工原料。
【濒危状况及保护措施建议】在淳安县各乡镇农户零星种植，已很难收集到。在异位妥善保存的同时，建议扩大种植面积。

2 薄壳小粒七月拔

【学　名】Leguminosae（豆科）*Glycine*（大豆属）*Glycine max*（大豆）。
【采集地】浙江省杭州市桐庐县。

【主要特征特性】南方夏大豆品种；7月下旬至8月上旬播种，10月中旬至下旬采收，全生育期适中，从出苗到成熟80天；株高适中，成熟时从子叶节到植株生长点45.6cm，株型直立，有限结荚习性；叶片卵圆形，叶色深绿；白花，主茎茸毛棕色，下胚轴绿色；主茎节数14.2节，单株荚果数33.6个；成熟豆荚浅褐色，籽粒椭圆形，种皮黄色，子叶黄色，种脐褐色；百粒重19.9g。田间表现中感病毒病、中抗炭疽病。当地农民认为该品种豆粒大小中等偏小、食味佳，既嫩荚可食用，又可生豆芽，是一个用途比较广泛的原料。

【优异特性与利用价值】植株顶端结荚性好，中抗炭疽病，可用作夏秋嫩荚食用大豆育种材料。

【濒危状况及保护措施建议】在桐庐县仅少数农户零星种植，已很难收集到。在异位妥善保存的同时，建议扩大种植面积。

3 毛豆

【学　名】Leguminosae（豆科）*Glycine*（大豆属）*Glycine max*（大豆）。

【采集地】浙江省丽水市庆元县。

【主要特征特性】南方夏大豆品种；7月下旬至8月上旬播种，10月中旬至下旬采收，全生育期适中，从出苗到成熟约78天；株高适中，成熟时从子叶节到植株生长点55.3cm，株型直立，有限结荚习性；叶片卵圆形，叶色深绿；白花，主茎茸毛棕色，下胚轴绿色；单株节数15.0节，单株荚果数28.2个；成熟豆荚浅褐色，籽粒椭圆形，种皮黄色，子叶黄色，种脐深褐色；百粒重24.9g。田间表现感病毒病、中抗炭疽病。当地农民认为该品种豆粒大小适中、食味佳，是鲜食和制作豆腐的好原料。

【优异特性与利用价值】全生育期较短，从出苗到成熟78天，早熟，中抗炭疽病，可用作夏秋菜用大豆育种材料。

【濒危状况及保护措施建议】在庆元县仅有少数农户零星种植，已很难收集到。在异位妥善保存的同时，建议扩大种植面积。

4 本地毛豆

【学 名】Leguminosae（豆科）*Glycine*（大豆属）*Glycine max*（大豆）。
【采集地】浙江省绍兴市上虞区。

【主要特征特性】南方夏大豆品种；7月下旬至8月上旬播种，10月上旬至下旬采收，全生育期适中，从出苗到成熟约78天；株高适中，成熟时从子叶节到植株生长点54.5cm，株型直立，有限结荚习性；叶片卵圆形，叶色深绿；白花，主茎茸毛棕色，下胚轴绿色；主茎节数14.7节，单株荚果数36.3个；成熟豆荚深褐色，籽粒椭圆形，种皮黄色，子叶黄色，种脐深褐色；百粒重24.4g。田间表现中抗病毒病。当地农民认为该品种食味佳，嫩荚可食用，是制作豆腐、豆浆的好原料。
【优异特性与利用价值】植株结荚性好，豆荚密集程度适中，中抗病毒病，可用作夏秋嫩荚食用大豆育种材料。大多数大豆品种的叶片为三出复叶，该品种中偶尔有五出复叶出现，小叶数目具有特异性，可用来研究大豆叶片的发育机理。
【濒危状况及保护措施建议】在上虞区仅少数农户零星种植，已很难收集到。在异位妥善保存的同时，建议扩大种植面积。

5 迟毛豆

【学　名】Leguminosae（豆科）*Glycine*（大豆属）*Glycine max*（大豆）。
【采集地】浙江省杭州市富阳区。

【主要特征特性】南方夏大豆品种；7月下旬至8月上旬播种，10月下旬至月底采收，全生育期适中，从出苗到成熟86天；株高适中，成熟时从子叶节到植株生长点68.5cm，株型直立，有限结荚习性；叶片卵圆形，叶色深绿；白花，主茎茸毛棕色，下胚轴绿色；主茎节数13.3节，单株荚果数35.6个；成熟豆荚浅褐色，籽粒椭圆形，种皮黄色，子叶黄色，种脐浅褐色；百粒重23.4g。田间表现中抗炭疽病。当地农民认为该品种食味佳，嫩荚可食用，且是制作豆腐、豆浆的好原料。

【优异特性与利用价值】植株花序长，特别是顶端花序较长，结荚性好，中抗炭疽病，可用作夏秋嫩荚食用大豆育种材料。大多数大豆品种的叶片为三出复叶，该品种偶尔有四出和五出复叶出现，小叶数目具有特异性，可用来研究大豆叶片的发育机理。

【濒危状况及保护措施建议】在富阳区仅少数农户零星种植，已很难收集到。在异位妥善保存的同时，建议扩大种植面积。

6 大均黑豆

【学　名】Leguminosae（豆科）*Glycine*（大豆属）*Glycine max*（大豆）。
【采集地】浙江省丽水市景宁县。

【主要特征特性】南方夏大豆品种；全生育期较长，从出苗到成熟105天；株高适中，成熟时从子叶节到植株生长点59.0cm，株型收敛，有限结荚习性；叶片椭圆形，叶色深绿；紫花，茸毛棕色；结荚分散，结荚节位较高；籽粒椭圆形，种皮黑色，子叶黄色，种脐黑色；百粒重28.5g。田间表现、产量一般。当地农民认为该品种品质优、用途广。

【优异特性与利用价值】浙江省内各地均可种植，籽粒商品性较好。可食用、保健药用及作为加工原料。

【濒危状况及保护措施建议】在景宁县各乡镇农户零星种植，已很难收集到。在异位妥善保存的同时，建议扩大种植面积。

7 大青豆

【学　名】Leguminosae（豆科）*Glycine*（大豆属）*Glycine max*（大豆）。
【采集地】浙江省杭州市临安区。

【主要特征特性】南方夏大豆品种；7月下旬至8月上旬播种，10月下旬至11月上旬采收，全生育期适中，从出苗到成熟89天；株高适中，成熟时从子叶节到植株生长点60.3cm，株型直立，有限结荚习性；叶片卵圆形，叶色深绿；深紫色花，主茎茸毛棕色，下胚轴深紫色；主茎节数13.3节，单株荚果数25.6个；成熟豆荚深褐色，籽粒扁椭圆形，种皮绿色，子叶绿色，种脐黑色；百粒重39.1g。田间表现中感病毒病、高抗炭疽病。当地农民认为该品种富含多种维生素和微量元素，药食兼备，除了嫩荚可食用，还是生豆芽和制作炒青豆的好原料。
【优异特性与利用价值】田间表现高抗炭疽病，可用作夏秋嫩荚食用大豆育种材料。该材料为绿种皮、绿子叶，富含多种维生素和微量元素，优质蛋白含量丰富，药食兼备，嫩荚可食用，是生豆芽或加工豆制品的原料，也可用来制作保健品，用途广泛。
【濒危状况及保护措施建议】在临安区仅少数农户零星种植，已很难收集到。在异位妥善保存的同时，建议扩大种植面积。

8 东阳撒豆

【学　名】Leguminosae（豆科）*Glycine*（大豆属）*Glycine max*（大豆）。
【采集地】浙江省金华市东阳市。

【主要特征特性】南方夏大豆品种；全生育期较长，从出苗到成熟120天；株高适中，成熟时从子叶节到植株生长点76.0cm，株型收敛，有限结荚习性；叶片椭圆形，叶色深绿；紫花，茸毛棕色；结荚分散，结荚节位较高；籽粒扁椭圆形，种皮黑色，子叶黄色，种脐黑色；百粒重12.5g。田间表现、产量一般。当地农民认为该品种品质优。

【优异特性与利用价值】浙江省内各地均可种植，籽粒商品性较好。可饲用或保健药用。

【濒危状况及保护措施建议】在东阳市各乡镇农户零星种植，已很难收集到。在异位妥善保存的同时，建议扩大种植面积。

9 芳庄田岸豆

【学　名】Leguminosae（豆科）*Glycine*（大豆属）*Glycine max*（大豆）。
【采集地】浙江省温州市瑞安市。

【主要特征特性】南方夏大豆品种；全生育期较长，从出苗到成熟105天；植株较高，成熟时从子叶节到植株生长点92.0cm，株型收敛，有限结荚习性；叶片椭圆形，叶色深绿；白花，茸毛棕色；结荚分散，结荚节位较高；籽粒椭圆形，种皮黄色，子叶黄色，种脐褐色；百粒重27.5g。田间表现、产量一般。当地农民认为该品种抗旱、耐贫瘠。

【优异特性与利用价值】浙江省内各地均可种植，既嫩荚可食用，又有保健作用，营养价值高。可食用、保健药用或作为加工原料。

【濒危状况及保护措施建议】在瑞安市各乡镇农户零星种植，已很难收集到。在异位妥善保存的同时，建议扩大种植面积。

10 芳庄乌豆

【学　名】Leguminosae（豆科）*Glycine*（大豆属）*Glycine max*（大豆）。
【采集地】浙江省温州市瑞安市。

【主要特征特性】南方夏大豆品种；全生育期较长，从出苗到成熟100天；株高适中，成熟时从子叶节到植株生长点44.0cm，株型收敛，有限结荚习性；叶片椭圆形，叶色深绿；紫花，茸毛棕色；结荚分散，结荚节位较高；籽粒扁圆形，种皮黑色，子叶黄色，种脐黑色；百粒重26.5g。田间表现、产量一般。当地农民认为该品种抗旱、耐贫瘠。

【优异特性与利用价值】浙江省内各地均可种植，籽粒营养价值高。可食用、保健药用及作为加工原料。

【濒危状况及保护措施建议】在瑞安市各乡镇农户零星种植，已很难收集到。在异位妥善保存的同时，建议扩大种植面积。

11 奉化田塍豆

【学　名】Leguminosae（豆科）*Glycine*（大豆属）*Glycine max*（大豆）。

【采集地】浙江省宁波市奉化区。

【主要特征特性】南方夏大豆品种；全生育期较长，从出苗到成熟105天；株高适中，成熟时从子叶节到植株生长点63.0cm，株型收敛，有限结荚习性；叶片椭圆形，叶色深绿；紫花，茸毛灰色；结荚分散，结荚节位较高；籽粒圆形，种皮黄色，子叶黄色，种脐褐色；百粒重43.5g。田间表现、产量一般。当地农民认为该品种品质优，抗寒、抗旱、耐贫瘠。

【优异特性与利用价值】浙江省内各地均可种植，籽粒商品性较好。可食用或作为加工原料。

【濒危状况及保护措施建议】在奉化区各乡镇农户零星种植，已很难收集到。在异位妥善保存的同时，建议扩大种植面积。

12 奉化小黄豆

【学　名】Leguminosae（豆科）*Glycine*（大豆属）*Glycine max*（大豆）。
【采集地】浙江省宁波市奉化区。

【主要特征特性】南方夏大豆品种；全生育期较长，从出苗到成熟105天；株高适中，成熟时从子叶节到植株生长点80.0cm，株型收敛，有限结荚习性；叶片椭圆形，叶色深绿；白花，茸毛棕色；结荚分散，结荚节位较高；籽粒椭圆形，种皮黄色，子叶黄色，种脐褐色；百粒重37.5g。田间表现、产量一般。当地农民认为该品种品质优，抗旱、耐贫瘠。

【优异特性与利用价值】浙江省内各地均可种植，适合用于加工豆腐。可食用或作为加工原料。

【濒危状况及保护措施建议】在奉化区各乡镇农户零星种植，已很难收集到。在异位妥善保存的同时，建议扩大种植面积。

13 更楼黑豆

【学　名】Leguminosae（豆科）*Glycine*（大豆属）*Glycine max*（大豆）。
【采集地】浙江省杭州市建德市。

【主要特征特性】南方夏大豆品种；全生育期较长，从出苗到成熟105天；植株较高，成熟时从子叶节到植株生长点87.0cm，株型收敛，有限结荚习性；叶片椭圆形，叶色深绿；紫花，茸毛棕色；结荚分散，结荚节位较高；籽粒椭圆形，种皮黑色，子叶绿色，种脐黑色；百粒重39.5g。田间表现、产量一般。当地农民认为该品种品质优。

【优异特性与利用价值】浙江省内各地均可种植，适合制作黑豆腐、黑豆浆，具有治盗汗等疗效。可食用、保健药用或作为加工原料。

【濒危状况及保护措施建议】在建德市各乡镇农户零星种植，已很难收集到。在异位妥善保存的同时，建议扩大种植面积。

14 景宁青皮豆

【学　名】Leguminosae（豆科）*Glycine*（大豆属）*Glycine max*（大豆）。
【采集地】浙江省丽水市景宁县。

【主要特征特性】南方夏大豆品种；全生育期较长，从出苗到成熟100天；株高适中，成熟时从子叶节到植株生长点62.0cm，株型收敛，有限结荚习性；叶片椭圆形，叶色深绿；紫花，茸毛灰色；结荚分散，结荚节位较高；籽粒椭圆形，种皮浅绿色，子叶黄色，种脐褐色；百粒重28.5g。田间表现、产量一般。当地农民认为该品种品质优。

【优异特性与利用价值】浙江省内各地均可种植，籽粒商品性较好。可食用或作为加工原料。

【濒危状况及保护措施建议】在景宁县各乡镇农户零星种植，已很难收集到。在异位妥善保存的同时，建议扩大种植面积。

15 兰溪乌豆

【学　名】Leguminosae（豆科）*Glycine*（大豆属）*Glycine max*（大豆）。
【采集地】浙江省金华市兰溪市。

【主要特征特性】南方夏大豆品种；全生育期较长，从出苗到成熟100天；株高适中，成熟时从子叶节到植株生长点60.0cm，株型收敛，有限结荚习性；叶片椭圆形，叶色深绿；紫花，茸毛棕色；结荚分散，结荚节位较高；籽粒圆形，种皮黑色，子叶绿色，种脐黑色；百粒重28.5g。田间表现、产量一般。当地农民认为该品种品质优，耐热。

【优异特性与利用价值】浙江省内各地均可种植，籽粒商品性较好。可食用、保健药用或作为加工原料。

【濒危状况及保护措施建议】在兰溪市各乡镇农户零星种植，已很难收集到。在异位妥善保存的同时，建议扩大种植面积。

16 丽水九月黄

【学 名】Leguminosae（豆科）*Glycine*（大豆属）*Glycine max*（大豆）。
【采集地】浙江省丽水市莲都区。

【主要特征特性】南方夏大豆品种；全生育期较长，从出苗到成熟100天；植株较高，成熟时从子叶节到植株生长点148.0cm，抗倒伏，株型收敛，有限结荚习性；叶片椭圆形，叶色深绿；紫花，茸毛棕色；结荚较密，结荚节位较高；籽粒椭圆形，种皮黄色，子叶黄色，种脐褐色；百粒重23.5g。田间表现、产量一般。当地农民认为该品种品质优。

【优异特性与利用价值】浙江省内各地均可种植，籽粒商品性较好。可食用或作为加工原料。

【濒危状况及保护措施建议】在莲都区各乡镇农户零星种植，已很难收集到。在异位妥善保存的同时，建议扩大种植面积。

17 莲都贼勿要

【学　名】Leguminosae（豆科）*Glycine*（大豆属）*Glycine max*（大豆）。
【采集地】浙江省丽水市莲都区。

【主要特征特性】南方夏大豆品种；全生育期较长，从出苗到成熟105天；植株较高，成熟时从子叶节到植株生长点97.0cm，株型收敛，有限结荚习性；叶片椭圆形，叶色深绿；紫花，茸毛棕色；结荚分散，结荚节位较高；籽粒椭圆形，种皮黄色，子叶黄色，种脐褐色；百粒重24.5g。田间表现、产量水平较高。当地农民认为该品种品质优，抗旱、耐贫瘠。

【优异特性与利用价值】浙江省内各地均可种植，茎秆粗壮，根系发达。可食用或作为加工原料。

【濒危状况及保护措施建议】在莲都区各乡镇农户零星种植，已很难收集到。在异位妥善保存的同时，建议扩大种植面积。

18 临海十月豆

【学　名】Leguminosae（豆科）*Glycine*（大豆属）*Glycine max*（大豆）。
【采集地】浙江省台州市临海市。

【主要特征特性】南方夏大豆品种；全生育期较长，从出苗到成熟100天；株高适中，成熟时从子叶节到植株生长点51.0cm，株型收敛，有限结荚习性；叶片椭圆形，叶色深绿；紫花，茸毛灰色；结荚分散，结荚节位较高；籽粒圆形，种皮黄色，子叶黄色，种脐褐色；百粒重27.5g。田间表现、产量一般。当地农民认为该品种品质优。

【优异特性与利用价值】浙江省内各地均可种植，籽粒商品性较好。可食用、保健药用或作为加工原料。

【濒危状况及保护措施建议】在临海市各乡镇农户零星种植，已很难收集到。在异位妥善保存的同时，建议扩大种植面积。

19 平湖黑眼睛毛豆

【学　名】Leguminosae（豆科）*Glycine*（大豆属）*Glycine max*（大豆）。
【采集地】浙江省嘉兴市平湖市。

【主要特征特性】南方夏大豆品种；全生育期较长，从出苗到成熟100天；株高适中，成熟时从子叶节到植株生长点66.0cm，株型收敛，有限结荚习性；叶片椭圆形，叶色深绿；紫花，茸毛棕色；结荚分散，结荚节位较高；籽粒圆形，种皮黄色，子叶黄色，种脐黑色；百粒重44.5g。田间表现、产量一般。当地农民认为该品种品质优。

【优异特性与利用价值】浙江省内各地均可种植，籽粒圆整、较大，口感软糯。可食用或作为加工原料。

【濒危状况及保护措施建议】在平湖市各乡镇农户零星种植，已很难收集到。在异位妥善保存的同时，建议扩大种植面积。

20 濮院青豆

【学 名】Leguminosae（豆科）*Glycine*（大豆属）*Glycine max*（大豆）。
【采集地】浙江省嘉兴市桐乡市。

【主要特征特性】南方夏大豆品种；全生育期较长，从出苗到成熟105天；株高适中，成熟时从子叶节到植株生长点80.0cm，株型收敛，有限结荚习性；叶片椭圆形，叶色深绿；紫花，茸毛棕色；结荚分散，结荚节位较高；籽粒扁椭圆形，种皮绿色，子叶绿色，种脐深褐色；百粒重36.5g。田间表现、产量一般。当地农民认为该品种品质优。
【优异特性与利用价值】浙江省内各地均可种植，可采嫩豆或青豆荚做菜食用。可食用或作为加工原料。
【濒危状况及保护措施建议】在桐乡市各乡镇农户零星种植，已很难收集到。在异位妥善保存的同时，建议扩大种植面积。

21 浦江二粒乌

【学　名】Leguminosae（豆科）*Glycine*（大豆属）*Glycine max*（大豆）。
【采集地】浙江省金华市浦江县。

【主要特征特性】南方夏大豆品种；全生育期较长，从出苗到成熟100天；植株较高，成熟时从子叶节到植株生长点91.6cm，株型收敛，有限结荚习性；叶片椭圆形，叶色深绿；白花，茸毛棕色；结荚分散，结荚节位较高；籽粒圆形，种皮黑色，子叶绿色，种脐黑色；百粒重34.5g。田间表现、产量一般。当地农民认为该品种籽粒品质优。

【优异特性与利用价值】浙江省内各地均可种植，豆荚密生，荚多，籽粒表皮亮黑。可食用、保健药用或作为加工原料。

【濒危状况及保护措施建议】在浦江县各乡镇农户零星种植，已很难收集到。在异位妥善保存的同时，建议扩大种植面积。

22 浦江黑扎豆

【学 名】Leguminosae（豆科）*Glycine*（大豆属）*Glycine max*（大豆）。
【采集地】浙江省金华市浦江县。

【主要特征特性】南方夏大豆品种；全生育期较长，从出苗到成熟100天；植株较高，成熟时从子叶节到植株生长点205.0cm，易倒伏，株型收敛，亚有限结荚习性；叶片椭圆形，叶色深绿；紫花，茸毛棕色；结荚分散，结荚节位较高；籽粒扁椭圆形，种皮黑色，子叶黄色，种脐黑色；百粒重11.5g。田间表现、产量一般。当地农民认为该品种籽粒品质优，耐贫瘠，是做豆芽菜的正宗品种，也可制作豆腐，口感细腻。
【优异特性与利用价值】浙江省内各地均可种植，籽粒商品性较好。可食用或作为加工原料。
【濒危状况及保护措施建议】在浦江县各乡镇农户零星种植，已很难收集到。在异位妥善保存的同时，建议扩大种植面积。

23 浦江田塍豆

【学　名】Leguminosae（豆科）*Glycine*（大豆属）*Glycine max*（大豆）。

【采集地】浙江省金华市浦江县。

【主要特征特性】南方夏大豆品种；全生育期较长，从出苗到成熟105天；株高适中，成熟时从子叶节到植株生长点71.0cm，株型收敛，有限结荚习性；叶片椭圆形，叶色深绿；紫花，茸毛棕色；结荚分散，结荚节位较高；籽粒椭圆形，种皮绿色，子叶黄色，种脐黑色；百粒重43.5g。田间表现、产量水平较高。当地农民认为该品种籽粒品质优，粒大。

【优异特性与利用价值】浙江省内各地均可种植，属于传统农家品种，籽粒大小、色泽与六月半青豆相似。可食用及或为加工原料。

【濒危状况及保护措施建议】在浦江县各乡镇农户零星种植，已很难收集到。在异位妥善保存的同时，建议扩大种植面积。

24 浦阳黑荚豆

【学　名】Leguminosae（豆科）*Glycine*（大豆属）*Glycine max*（大豆）。
【采集地】浙江省金华市浦江县。

【主要特征特性】南方夏大豆品种；全生育期较长，从出苗到成熟105天；植株较高，成熟时从子叶节到植株生长点88.0cm，株型收敛，有限结荚习性；叶片椭圆形，叶色深绿；紫花，茸毛棕色；结荚分散，结荚节位较高；籽粒椭圆形，种皮黄色，子叶黄色，种脐褐色；百粒重32.5g。田间表现、产量水平较高。当地农民认为该品种品质优。

【优异特性与利用价值】浙江省内各地均可种植，又称黑荚黄豆，全生育期较长，加工后的豆浆口味浓香。可食用或作为加工原料。

【濒危状况及保护措施建议】在浦江县各乡镇农户零星种植，已很难收集到。在异位妥善保存的同时，建议扩大种植面积。

25 瑞安乌豆

【学　名】Leguminosae（豆科）*Glycine*（大豆属）*Glycine max*（大豆）。
【采集地】浙江省温州市瑞安市。

【主要特征特性】南方夏大豆品种；全生育期较长，从出苗到成熟105天；株高适中，成熟时从子叶节到植株生长点75.0cm，株型收敛，有限结荚习性；叶片椭圆形，叶色深绿；紫花，茸毛棕色；结荚分散，结荚节位较高；籽粒椭圆形，种皮黑色，子叶黄色，种脐黑色；百粒重26.5g。田间表现、产量一般。当地农民认为该品种品质优。
【优异特性与利用价值】浙江省内各地均可种植，籽粒与猪肚、枸杞、红小豆、绿豆、桂圆、杏仁等一起蒸煮食用，养胃补肾。可食用、保健药用或作为加工原料。
【濒危状况及保护措施建议】在瑞安市各乡镇农户零星种植，已很难收集到。在异位妥善保存的同时，建议扩大种植面积。

26 上虞十月拔

【学　名】Leguminosae（豆科）*Glycine*（大豆属）*Glycine max*（大豆）。
【采集地】浙江省绍兴市上虞区。

【主要特征特性】南方夏大豆品种；全生育期较长，从出苗到成熟105天；植株较高，成熟时从子叶节到植株生长点95.0cm，株型收敛，有限结荚习性；叶片椭圆形，叶色深绿；紫花，茸毛棕色；结荚分散，结荚节位较高；籽粒椭圆形，种皮绿色，子叶绿色，种脐黑色；百粒重35.5g。田间表现、产量一般。当地农民认为该品种品质优。

【优异特性与利用价值】浙江省内各地均可种植，煮熟后口感细腻。可食用或作为加工原料。

【濒危状况及保护措施建议】在上虞区各乡镇农户零星种植，已很难收集到。在异位妥善保存的同时，建议扩大种植面积。

27 嵊县清明豆

【学　名】Leguminosae（豆科）*Glycine*（大豆属）*Glycine max*（大豆）。
【采集地】浙江省绍兴市嵊州市。

【主要特征特性】南方夏大豆品种；7月下旬至8月上旬播种，10月上旬至下旬采收，全生育期较短，从出苗到成熟76天；植株矮，成熟时从子叶节到植株生长点38.4cm，株型直立，有限结荚习性；叶片卵圆形，叶色深绿；浅紫色花，主茎茸毛棕色，下胚轴浅紫色；主茎节数11.7节，单株荚果数28.3个；成熟豆荚深褐色，籽粒椭圆形，种皮黄色，子叶黄色，种脐黑色；百粒重17.7g。田间表现中感病毒病和白粉病。当地农民认为该品种脂肪含量高、食味佳，除了嫩荚可食用，还是制作当地特产豆腐皮的好原料。
【优异特性与利用价值】植株分枝少，主茎结荚为主，耐密植，植株顶端结荚性好，豆荚密集程度适中。可用作夏秋嫩荚食用大豆育种材料。
【濒危状况及保护措施建议】在嵊州市仅少数农户零星种植，已很难收集到。在异位妥善保存的同时，建议扩大种植面积。

28 桐店乌皮青仁豆

【学 名】Leguminosae（豆科）*Glycine*（大豆属）*Glycine max*（大豆）。
【采集地】浙江省金华市浦江县。

【主要特征特性】南方夏大豆品种；全生育期较长，从出苗到成熟105天；植株较高，成熟时从子叶节到植株生长点94.0cm，株型收敛，有限结荚习性；叶片椭圆形，叶色深绿；紫花，茸毛棕色；结荚分散，结荚节位较高；籽粒椭圆形，种皮黑色，子叶绿色，种脐黑色；百粒重26.5g。田间表现、产量一般。当地农民认为该品种籽粒品质优。

【优异特性与利用价值】浙江省内各地均可种植。可食用、保健药用或作为加工原料。

【濒危状况及保护措施建议】在浦江县各乡镇农户零星种植，已很难收集到。在异位妥善保存的同时，建议扩大种植面积。

29 桐乡黑皮黄豆

【学　名】Leguminosae（豆科）*Glycine*（大豆属）*Glycine max*（大豆）。
【采集地】浙江省嘉兴市桐乡市。

【主要特征特性】南方夏大豆品种；全生育期较长，从出苗到成熟105天；植株较高，成熟时从子叶节到植株生长点92.0cm，株型收敛，有限结荚习性；叶片椭圆形，叶色深绿；紫花，茸毛棕色；结荚分散，结荚节位较高；籽粒扁椭圆形，种皮黑色，子叶黄色，种脐黑色；百粒重43.5g。田间表现、产量一般。当地农民认为该品种品质优。

【优异特性与利用价值】浙江省内各地均可种植，籽粒商品性较好。可食用、保健药用或作为加工原料。

【濒危状况及保护措施建议】在桐乡市各乡镇农户零星种植，已很难收集到。在异位妥善保存的同时，建议扩大种植面积。

30 桐乡青豆

【学　名】Leguminosae（豆科）*Glycine*（大豆属）*Glycine max*（大豆）。
【采集地】浙江省嘉兴市桐乡市。

【主要特征特性】南方夏大豆品种；全生育期较长，从出苗到成熟105天；植株较高，成熟时从子叶节到植株生长点91.0cm，株型收敛，有限结荚习性；叶片椭圆形，叶色深绿；紫花，茸毛棕色；结荚分散，结荚节位较高；籽粒椭圆形，种皮绿色，子叶绿色，种脐褐色；百粒重41.5g。田间表现、产量一般。当地农民认为该品种品质优。

【优异特性与利用价值】浙江省内各地均可种植，口感糯、香味浓。可食用或作为加工原料。

【濒危状况及保护措施建议】在桐乡市各乡镇农户零星种植，已很难收集到。在异位妥善保存的同时，建议扩大种植面积。

31 桐乡蛇青扁豆

【学　名】Leguminosae（豆科）*Glycine*（大豆属）*Glycine max*（大豆）。
【采集地】浙江省嘉兴市桐乡市。

【主要特征特性】南方夏大豆品种；全生育期较长，从出苗到成熟100天；株高适中，成熟时从子叶节到植株生长点75.0cm，株型收敛，有限结荚习性；叶片椭圆形，叶色深绿；紫花，茸毛灰色；结荚分散，结荚节位较高；籽粒扁椭圆形，种皮绿色，子叶黄色，种脐黑色；百粒重42.5g。田间表现、产量一般。当地农民认为该品种品质优。

【优异特性与利用价值】浙江省内各地均可种植，籽粒商品性较好。可食用。

【濒危状况及保护措施建议】在桐乡市各乡镇农户零星种植，已很难收集到。在异位妥善保存的同时，建议扩大种植面积。

32 文成乌豆

【学　名】Leguminosae（豆科）*Glycine*（大豆属）*Glycine max*（大豆）。
【采集地】浙江省温州市文成县。

【主要特征特性】南方夏播型大豆品种；全生育期较长，从出苗到成熟105天；植株较高，成熟时从子叶节到植株生长点85.0cm，株型收敛，有限结荚习性；叶片椭圆形，叶色深绿；白花，茸毛棕色；结荚分散，结荚节位较高；籽粒椭圆形，种皮黑色，子叶黄色，种脐黑色；百粒重29.5g。田间表现、产量水平较高。当地农民认为该品种品质优，抗旱、耐贫瘠。

【优异特性与利用价值】浙江省内各地均可种植，籽粒商品性较好，产量水平较高。可食用、保健药用或作为加工原料。

【濒危状况及保护措施建议】在文成县各乡镇农户零星种植，已很难收集到。在异位妥善保存的同时，建议扩大种植面积。

33 永康马料豆

【学　名】Leguminosae（豆科）*Glycine*（大豆属）*Glycine max*（大豆）。
【采集地】浙江省金华市永康市。

【主要特征特性】南方夏播型大豆品种；全生育期较长，从出苗到成熟105天；植株较高，成熟时从子叶节到植株生长点83.0cm，易倒伏，株型收敛，有限结荚习性；叶片椭圆形，叶色深绿；紫花，茸毛棕色；结荚分散，结荚节位较高；籽粒扁椭圆形，种皮黑色，子叶黄色，种脐黑色；百粒重13.5g。田间表现、籽粒商品性、产量一般。当地农民认为该品种耐寒、耐贫瘠。

【优异特性与利用价值】浙江省内各地均可种植，环境适应性较好。可饲用或作为加工原料。

【濒危状况及保护措施建议】在永康市各乡镇农户零星种植，已很难收集到。在异位妥善保存的同时，建议扩大种植面积。

第四节 秋 大 豆

1 安吉黑豆

【学 名】Leguminosae（豆科）*Glycine*（大豆属）*Glycine max*（大豆）。
【采集地】浙江省湖州市安吉县。

【主要特征特性】南方秋大豆品种；全生育期较长，从出苗到成熟95天；株高适中，成熟时从子叶节到植株生长点64.0cm，株型收敛，有限结荚习性；叶片椭圆形，叶色深绿；紫花，茸毛棕色；结荚分散，结荚节位较高；籽粒圆形，种皮黑色，子叶绿色，种脐黑色；百粒重42.5g。田间表现、产量一般。当地农民认为该品种品质优。
【优异特性与利用价值】浙江省内各地均可种植，籽粒商品性较好。可食用、保健药用或作为加工原料。
【濒危状况及保护措施建议】在安吉县各乡镇农户零星种植，已很难收集到。在异位妥善保存的同时，建议扩大种植面积。

2 常山老鼠牙

【学　名】Leguminosae（豆科）*Glycine*（大豆属）*Glycine max*（大豆）。
【采集地】浙江省衢州市常山县。

【主要特征特性】南方秋大豆品种；全生育期较长，从出苗到成熟100天；株高适中，成熟时从子叶节到植株生长点45.0cm，株型收敛，有限结荚习性；叶片椭圆形，叶色深绿；紫花，茸毛灰色；结荚分散，结荚节位较高；籽粒圆形，种皮黄色，子叶黄色，种脐褐色；百粒重16.5g。田间表现、产量一般。当地农民认为该品种品质优，抗旱。
【优异特性与利用价值】浙江省内各地均可种植，籽粒商品性较好。可食用或作为加工原料。
【濒危状况及保护措施建议】在常山县各乡镇农户零星种植，已很难收集到。在异位妥善保存的同时，建议扩大种植面积。

3 淳安红荚白豆

【学　名】Leguminosae（豆科）*Glycine*（大豆属）*Glycine max*（大豆）。
【采集地】浙江省杭州市淳安县。

【主要特征特性】南方秋大豆品种；全生育期较长，从出苗到成熟90天。株高适中，成熟时从子叶节到植株生长点49.0cm，株型收敛，有限结荚习性；叶片椭圆形，叶色深绿；紫花，茸毛棕色；结荚分散，结荚节位较高；籽粒圆形，种皮黄色，子叶黄色，种脐褐色；百粒重21.5g。田间表现、产量一般。当地农民认为该品种品质优。
【优异特性与利用价值】浙江省内各地均可种植，株型较紧凑。可食用或作为加工原料。
【濒危状况及保护措施建议】在淳安县各乡镇农户零星种植，已很难收集到。在异位妥善保存的同时，建议扩大种植面积。

4 淳安灰荚白豆

【学　名】Leguminosae（豆科）*Glycine*（大豆属）*Glycine max*（大豆）。
【采集地】浙江省杭州市淳安县。

【主要特征特性】南方秋大豆品种；全生育期较长，从出苗到成熟95天；株高适中，成熟时从子叶节到植株生长点62.1cm，株型收敛，有限结荚习性；叶片椭圆形，叶色深绿；紫花，茸毛灰色；结荚分散，结荚节位较高；籽粒圆形，种皮黄色，子叶黄色，种脐褐色；百粒重24.5g。田间表现、产量一般。当地农民认为该品种品质优。
【优异特性与利用价值】浙江省内各地均可种植，株型紧凑。可食用或作为加工原料。
【濒危状况及保护措施建议】在淳安县各乡镇农户零星种植，已很难收集到。在异位妥善保存的同时，建议扩大种植面积。

5 大莱青丰豆

【学　名】Leguminosae（豆科）*Glycine*（大豆属）*Glycine max*（大豆）。
【采集地】浙江省金华市武义县。

【主要特征特性】南方秋大豆品种；全生育期较长，从出苗到成熟95天；植株较高，成熟时从子叶节到植株生长点81.0cm，株型收敛，有限结荚习性；叶片椭圆形，叶色深绿；紫花，茸毛棕色；结荚分散，结荚节位较高；籽粒长椭圆形，种皮浅绿色，子叶黄色，种脐褐色；百粒重30.5g。田间表现、产量一般。当地农民认为该品种籽粒皮薄粒大，抗旱、耐贫瘠。
【优异特性与利用价值】浙江省内各地均可种植，籽粒商品性较好。可食用或作为加工原料。
【濒危状况及保护措施建议】在武义县各乡镇农户零星种植，已很难收集到。在异位妥善保存的同时，建议扩大种植面积。

6 大麻黄豆

【学　名】Leguminosae（豆科）*Glycine*（大豆属）*Glycine max*（大豆）。
【采集地】浙江省嘉兴市桐乡市。

【主要特征特性】南方秋大豆品种；全生育期较长，从出苗到成熟95天；植株较高，成熟时从子叶节到植株生长点87.0cm，株型收敛，有限结荚习性；叶片椭圆形，叶色深绿；紫花，茸毛灰色；结荚分散，结荚节位较高；籽粒椭圆形，种皮黄色，子叶黄色，种脐褐色；百粒重44.5g。田间表现、产量一般。当地农民认为该品种品质优。

【优异特性与利用价值】浙江省内各地均可种植，嫩荚食用口感糯。可食用或作为加工原料。

【濒危状况及保护措施建议】在桐乡市各乡镇农户零星种植，已很难收集到。在异位妥善保存的同时，建议扩大种植面积。

7 大堰黄豆

【学 名】Leguminosae（豆科）*Glycine*（大豆属）*Glycine max*（大豆）。
【采集地】浙江省宁波市奉化区。

【主要特征特性】南方秋大豆品种；全生育期较长，从出苗到成熟90天；植株较高，成熟时从子叶节到植株生长点90.0cm，株型收敛，有限结荚习性；叶片椭圆形，叶色深绿；紫花，茸毛灰色；结荚分散，结荚节位较高；籽粒圆形，种皮黄色，子叶黄色，种脐褐色；百粒重45.5g。田间表现、产量一般。当地农民认为该品种品质优，抗寒。

【优异特性与利用价值】浙江省内各地均可种植，口感香，营养丰富，鲜豆可炒菜，成熟后可制作豆腐、炒黄豆。可食用或作为加工原料。

【濒危状况及保护措施建议】在奉化区各乡镇农户零星种植，已很难收集到。在异位妥善保存的同时，建议扩大种植面积。

8 定海八月豆

【学　名】Leguminosae（豆科）*Glycine*（大豆属）*Glycine max*（大豆）。
【采集地】浙江省舟山市定海区。

【主要特征特性】南方秋大豆品种；全生育期较长，从出苗到成熟95天；株高适中，成熟时从子叶节到植株生长点68.0cm，株型收敛，有限结荚习性；叶片椭圆形，叶色深绿；紫花，茸毛棕色；结荚分散，结荚节位较高；籽粒椭圆形，种皮黄色，子叶黄色，种脐褐色；百粒重37.5g。田间表现、产量一般。当地农民认为该品种品质优。
【优异特性与利用价值】浙江省内各地均可种植，籽粒商品性较好。可食用、保健药用或作为加工原料。
【濒危状况及保护措施建议】在定海区各乡镇农户零星种植，已很难收集到。在异位妥善保存的同时，建议扩大种植面积。

9 定海九月豆

【学　名】Leguminosae（豆科）*Glycine*（大豆属）*Glycine max*（大豆）。
【采集地】浙江省舟山市定海区。

【主要特征特性】南方秋大豆品种；全生育期较长，从出苗到成熟95天；植株较高，成熟时从子叶节到植株生长点75.0cm，株型收敛，有限结荚习性；叶片椭圆形，叶色深绿；紫花，茸毛棕色；结荚分散，结荚节位较高；籽粒扁椭圆形，种皮绿色，子叶黄色，种脐黑色；百粒重39.5g。田间表现、产量一般。当地农民认为该品种品质优。

【优异特性与利用价值】浙江省内各地均可种植，籽粒商品性较好。可食用或作为加工原料。

【濒危状况及保护措施建议】在定海区各乡镇农户零星种植，已很难收集到。在异位妥善保存的同时，建议扩大种植面积。

10 东阳蜂窝豆

【学　名】Leguminosae（豆科）*Glycine*（大豆属）*Glycine max*（大豆）。

【采集地】浙江省金华市东阳市。

【主要特征特性】南方秋大豆品种；全生育期较长，从出苗到成熟90天；株高适中，成熟时从子叶节到植株生长点40.0cm，株型收敛，有限结荚习性；叶片椭圆形，叶色深绿；紫花，茸毛灰色；结荚分散，结荚节位较高；籽粒圆形，种皮黄色，子叶黄色，种脐褐色；百粒重19.5g。田间表现、产量一般。当地农民认为该品种品质优。

【优异特性与利用价值】浙江省内各地均可种植，籽粒商品性较好。可食用或作为加工原料。

【濒危状况及保护措施建议】在东阳市各乡镇农户零星种植，已很难收集到。在异位妥善保存的同时，建议扩大种植面积。

11 方家青皮青仁豆

【学　名】Leguminosae（豆科）*Glycine*（大豆属）*Glycine max*（大豆）。
【采集地】浙江省金华市浦江县。

【主要特征特性】南方秋大豆品种；全生育期较长，从出苗到成熟95天；植株较高，成熟时从子叶节到植株生长点86.0cm，株型收敛，有限结荚习性；叶片椭圆形，叶色深绿；紫花，茸毛棕色；结荚分散，结荚节位较高；籽粒椭圆形，种皮绿色，子叶绿色，种脐黑色；百粒重38.5g。田间表现、产量一般。当地农民认为该品种籽粒品质优。

【优异特性与利用价值】浙江省内各地均可种植，籽粒商品性较好。可食用或作为加工原料。

【濒危状况及保护措施建议】在浦江县各乡镇农户零星种植，已很难收集到。在异位妥善保存的同时，建议扩大种植面积。

12 奉化黄豆

【学　名】Leguminosae（豆科）*Glycine*（大豆属）*Glycine max*（大豆）。
【采集地】浙江省宁波市奉化区。

【主要特征特性】南方秋大豆品种；全生育期较长，从出苗到成熟100天；植株较高，成熟时从子叶节到植株生长点103.0cm，株型收敛，有限结荚习性；叶片椭圆形，叶色深绿；白花，茸毛棕色；结荚分散，结荚节位较高；籽粒圆形，种皮黄色，子叶黄色，种脐褐色；百粒重43.5g。田间表现、产量水平较高。当地农民认为该品种品质优，抗旱、耐贫瘠。

【优异特性与利用价值】浙江省内各地均可种植，适合用于加工豆腐。可食用或作为加工原料。

【濒危状况及保护措施建议】在奉化区各乡镇农户零星种植，已很难收集到。在异位妥善保存的同时，建议扩大种植面积。

13 海盐冻杀绿毛豆

【学　名】Leguminosae（豆科）*Glycine*（大豆属）*Glycine max*（大豆）。
【采集地】浙江省嘉兴市海盐县。

【主要特征特性】南方秋大豆品种；全生育期较长，从出苗到成熟95天；植株较高，成熟时从子叶节到植株生长点85.0cm，株型收敛，有限结荚习性；叶片椭圆形，叶色深绿；紫花，茸毛棕色；结荚分散，结荚节位较高；籽粒椭圆形，种皮绿色，子叶绿色，种脐黑色；百粒重39.5g。田间表现、产量一般。当地农民认为该品种籽粒品质优。

【优异特性与利用价值】浙江省内各地均可种植，籽粒商品性较好。可食用。

【濒危状况及保护措施建议】在海盐县各乡镇农户零星种植，已很难收集到。在异位妥善保存的同时，建议扩大种植面积。

14 海盐冻杀毛豆

【学　名】 Leguminosae（豆科）*Glycine*（大豆属）*Glycine max*（大豆）。

【采集地】 浙江省嘉兴市海盐县。

【主要特征特性】 南方秋大豆品种；全生育期较长，从出苗到成熟95天；植株较高，成熟时从子叶节到植株生长点78.0cm，株型收敛，有限结荚习性；叶片椭圆形，叶色深绿；紫花，茸毛棕色；结荚分散，结荚节位较高；籽粒圆形，种皮黄色，子叶黄色，种脐褐色；百粒重32.5g。田间表现、产量一般。当地农民认为该品种耐盐碱、抗旱、耐热、耐贫瘠。

【优异特性与利用价值】 浙江省内各地均可种植，籽粒商品性较好。可食用或作为加工原料。

【濒危状况及保护措施建议】 在海盐县各乡镇农户零星种植，已很难收集到。在异位妥善保存的同时，建议扩大种植面积。

15 洪桥大粒豆

【学　名】Leguminosae（豆科）*Glycine*（大豆属）*Glycine max*（大豆）。
【采集地】浙江省湖州市长兴县。

【主要特征特性】南方秋大豆品种；全生育期较长，从出苗到成熟95天；植株较高，成熟时从子叶节到植株生长点91.0cm，株型收敛，有限结荚习性；叶片椭圆形，叶色深绿；紫花，茸毛灰色；结荚分散，结荚节位较高；籽粒椭圆形，种皮黄色，子叶黄色，种脐黄色；百粒重32.5g。田间表现、产量一般。当地农民认为该种质品质优。
【优异特性与利用价值】浙江省内各地均可种植，籽粒皮黄粒大。可食用或作为加工原料。
【濒危状况及保护措施建议】在长兴县各乡镇农户零星种植，已很难收集到。在异位妥善保存的同时，建议扩大种植面积。

16 建德黄豆

【学　名】Leguminosae（豆科）*Glycine*（大豆属）*Glycine max*（大豆）。
【采集地】浙江省杭州市建德市。

【主要特征特性】南方秋大豆品种；全生育期较长，从出苗到成熟90天；株高适中，成熟时从子叶节到植株生长点65.0cm，株型收敛，有限结荚习性；叶片椭圆形，叶色深绿；紫花，茸毛灰色；结荚分散，结荚节位较高；籽粒圆形，种皮黄色，子叶黄色，种脐褐色；百粒重24.5g。田间表现、产量一般。当地农民认为该品种品质优。

【优异特性与利用价值】浙江省内各地均可种植，豆腐出品率高，也可青豆食用及榨油。可食用或作为加工原料。

【濒危状况及保护措施建议】在建德市各乡镇农户零星种植，已很难收集到。在异位妥善保存的同时，建议扩大种植面积。

17 江北黄豆

【学　名】Leguminosae（豆科）*Glycine*（大豆属）*Glycine max*（大豆）。
【采集地】浙江省湖州市长兴县。

【主要特征特性】南方秋大豆品种；全生育期较长，从出苗到成熟95天；植株较高，成熟时从子叶节到植株生长点78.0cm，株型收敛，有限结荚习性；叶片椭圆形，叶色深绿；紫花，茸毛棕色；结荚分散，结荚节位较高；籽粒椭圆形，种皮绿色，子叶黄色，种脐黑色；百粒重35.5g。田间表现、产量一般。当地农民认为该品种品质优。
【优异特性与利用价值】浙江省内各地均可种植，籽粒商品性较好。可食用或作为加工原料。
【濒危状况及保护措施建议】在长兴县各乡镇农户零星种植，已很难收集到。在异位妥善保存的同时，建议扩大种植面积。

18 江山三花豆

【学　名】Leguminosae（豆科）*Glycine*（大豆属）*Glycine max*（大豆）。
【采集地】浙江省衢州市江山市。

【主要特征特性】南方秋大豆品种；全生育期适中，从出苗到成熟85天；株高适中，成熟时从子叶节到植株生长点50.0cm，株型收敛，有限结荚习性；叶片椭圆形，叶色深绿；紫花，茸毛灰色；结荚分散，结荚节位较高；籽粒圆形，种皮黄色，子叶黄色，种脐褐色；百粒重19.5g。田间表现、产量一般。当地农民认为该品种籽粒品质优。

【优异特性与利用价值】浙江省内各地均可种植，籽粒商品性较好。可食用或作为加工原料。

【濒危状况及保护措施建议】在江山市各乡镇农户零星种植，已很难收集到。在异位妥善保存的同时，建议扩大种植面积。

19 江山乌稍豆

【学 名】Leguminosae（豆科）*Glycine*（大豆属）*Glycine max*（大豆）。
【采集地】浙江省衢州市江山市。

【主要特征特性】南方秋大豆品种；全生育期较长，从出苗到成熟95天；株高适中，成熟时从子叶节到植株生长点71.0cm，株型收敛，有限结荚习性；叶片椭圆形，叶色深绿；紫花，茸毛棕色；结荚分散，结荚节位较高；籽粒圆形，种皮黑色，子叶黄色，种脐黑色；百粒重27.5g。田间表现、产量一般。当地农民认为该品种籽粒品质优。

【优异特性与利用价值】浙江省内各地均可种植，籽粒商品性较好。可食用或保健药用。

【濒危状况及保护措施建议】在江山市各乡镇农户零星种植，已很难收集到。在异位妥善保存的同时，建议扩大种植面积。

20 江西青豆

【学　名】Leguminosae（豆科）*Glycine*（大豆属）*Glycine max*（大豆）。

【采集地】浙江省杭州市淳安县。

【主要特征特性】南方秋大豆品种；全生育期较长，从出苗到成熟90天；株高适中，成熟时从子叶节到植株生长点43.0cm，株型收敛，有限结荚习性；叶片椭圆形，叶色深绿；紫花，茸毛棕色；结荚分散，结荚节位较高；籽粒椭圆形，种皮浅绿色，子叶黄色，种脐褐色；百粒重22.5g。田间表现、产量一般。当地农民认为该品种籽粒品质优。

【优异特性与利用价值】浙江省内各地均可种植，病虫害少。可食用或作为加工原料。

【濒危状况及保护措施建议】在淳安县各乡镇农户零星种植，已很难收集到。在异位妥善保存的同时，建议扩大种植面积。

21 景宁九月黄

【学 名】Leguminosae（豆科）*Glycine*（大豆属）*Glycine max*（大豆）。
【采集地】浙江省丽水市景宁县。

【主要特征特性】南方秋大豆品种；全生育期较长，从出苗到成熟95天；株高适中，成熟时从子叶节到植株生长点54.0cm，株型收敛，有限结荚习性；叶片椭圆形，叶色深绿；白花，茸毛灰色；结荚分散，结荚节位较高；籽粒圆形，种皮黄色，子叶黄色，种脐褐色；百粒重27.5g。田间表现、产量一般。当地农民认为该品种品质优。

【优异特性与利用价值】浙江省内各地均可种植，籽粒商品性较好。可食用或作为加工原料。

【濒危状况及保护措施建议】在景宁县各乡镇农户零星种植，已很难收集到。在异位妥善保存的同时，建议扩大种植面积。

22 开化矮脚早

【学　名】Leguminosae（豆科）*Glycine*（大豆属）*Glycine max*（大豆）。

【采集地】浙江省衢州市开化县。

【主要特征特性】南方秋大豆品种；全生育期较长，从出苗到成熟90天；株高适中，成熟时从子叶节到植株生长点59.0cm，株型收敛，有限结荚习性；叶片椭圆形，叶色深绿；紫花，茸毛灰色；结荚分散，结荚节位较高；籽粒圆形，种皮黄色，子叶黄色，种脐褐色；百粒重25.5g。田间表现、产量一般。当地农民认为该品种品质优。

【优异特性与利用价值】浙江省内各地均可种植，利用籽粒生产的豆腐、豆浆风味浓、口感佳。可食用、保健药用或作为加工原料。

【濒危状况及保护措施建议】在开化县各乡镇农户零星种植，已很难收集到。在异位妥善保存的同时，建议扩大种植面积。

23 开化毛豆

【学　名】Leguminosae（豆科）*Glycine*（大豆属）*Glycine max*（大豆）。
【采集地】浙江省衢州市开化县。

【主要特征特性】南方秋大豆品种；全生育期较长，从出苗到成熟90天；株高适中，成熟时从子叶节到植株生长点61.0cm，株型收敛，有限结荚习性；叶片椭圆形，叶色深绿；紫花，茸毛灰色；结荚分散，结荚节位较高；籽粒椭圆形，种皮黄色，子叶黄色，种脐褐色；百粒重25.5g。田间表现、产量一般。当地农民认为该品种品质优。

【优异特性与利用价值】浙江省内各地均可种植，籽粒商品性较好，豆浆出汁率高。可食用或作为加工原料。

【濒危状况及保护措施建议】在开化县各乡镇农户零星种植，已很难收集到。在异位妥善保存的同时，建议扩大种植面积。

24 开化野猪戳

【学　名】Leguminosae（豆科）*Glycine*（大豆属）*Glycine max*（大豆）。
【采集地】浙江省衢州市开化县。

【主要特征特性】南方秋大豆品种；全生育期较长，从出苗到成熟95天；植株较高，成熟时从子叶节到植株生长点75.0cm，株型收敛，有限结荚习性；叶片椭圆形，叶色深绿；紫花，茸毛灰色；结荚分散，结荚节位较高；籽粒圆形，种皮黄色，子叶黄色，种脐褐色；百粒重28.5g。田间表现、产量一般。当地农民认为该品种品质优。

【优异特性与利用价值】浙江省内各地均可种植，利用籽粒磨出的豆浆香味足、风味佳。可食用或作为加工原料。

【濒危状况及保护措施建议】在开化县各乡镇农户零星种植，已很难收集到。在异位妥善保存的同时，建议扩大种植面积。

25 兰溪黑嘴小黄豆

【学 名】Leguminosae（豆科）*Glycine*（大豆属）*Glycine max*（大豆）。
【采集地】浙江省金华市兰溪市。

【主要特征特性】南方秋大豆品种；全生育期适中，从出苗到成熟90天；株高适中，成熟时从子叶节到植株生长点65.0cm，株型收敛，有限结荚习性；叶片椭圆形，叶色深绿；紫花，茸毛棕色；结荚分散，结荚节位较高；籽粒椭圆形，种皮黄色，子叶黄色，种脐褐色；百粒重23.5g。田间表现、产量一般。当地农民认为该品种品质优，抗旱。

【优异特性与利用价值】浙江省内各地均可种植，又称兰溪铁罐豆，种皮黄色，种脐褐色。可食用、保健药用或作为加工原料。

【濒危状况及保护措施建议】在兰溪市各乡镇农户零星种植，已很难收集到。在异位妥善保存的同时，建议扩大种植面积。

26 莲都老竹田岸豆

【学　名】Leguminosae（豆科）*Glycine*（大豆属）*Glycine max*（大豆）。
【采集地】浙江省丽水市莲都区。

【主要特征特性】南方秋大豆品种；全生育期较长，从出苗到成熟95天；株高适中，成熟时从子叶节到植株生长点72.0cm，株型收敛，有限结荚习性；叶片椭圆形，叶色深绿；紫花，茸毛灰色；结荚分散，结荚节位较高；籽粒椭圆形，种皮黄色，子叶黄色，种脐褐色；百粒重22.5g。田间表现、产量水平较高。当地农民认为该品种品质优，抗旱、耐贫瘠。

【优异特性与利用价值】浙江省内各地均可种植，茎秆粗壮，根系发达。可食用或作为加工原料。

【濒危状况及保护措施建议】在莲都区各乡镇农户零星种植，已很难收集到。在异位妥善保存的同时，建议扩大种植面积。

27 临安白豆

【学 名】Leguminosae（豆科）*Glycine*（大豆属）*Glycine max*（大豆）。
【采集地】浙江省杭州市临安区。

【主要特征特性】南方秋大豆品种；全生育期适中，从出苗到成熟90天；植株较高，成熟时从子叶节到植株生长点79.0cm，株型收敛，有限结荚习性；叶片椭圆形，叶色深绿；紫花，茸毛棕色；结荚分散，结荚节位较高；籽粒椭圆形，种皮黄色，子叶黄色，种脐褐色；百粒重22.5g。田间表现、产量一般。当地农民认为该品种品质优。
【优异特性与利用价值】浙江省内各地均可种植，适合加工豆腐。可食用、保健药用或作为加工原料。
【濒危状况及保护措施建议】在临安区各乡镇农户零星种植，已很难收集到。在异位妥善保存的同时，建议扩大种植面积。

28 临安黄豆

【学　名】Leguminosae（豆科）*Glycine*（大豆属）*Glycine max*（大豆）。
【采集地】浙江省杭州市临安区。

【主要特征特性】南方秋大豆品种；全生育期较长，从出苗到成熟95天；株高适中，成熟时从子叶节到植株生长点52.0cm，株型收敛，有限结荚习性；叶片椭圆形，叶色深绿；紫花，茸毛棕色；结荚分散，结荚节位较高；籽粒圆形，种皮绿色，子叶黄色，种脐黑色；百粒重18.5g。田间表现、产量一般。当地农民认为该品种品质优，抗旱、耐贫瘠。

【优异特性与利用价值】浙江省内各地均可种植，籽粒商品性较好。可食用或作为加工原料。

【濒危状况及保护措施建议】在临安区各乡镇农户零星种植，已很难收集到。在异位妥善保存的同时，建议扩大种植面积。

29 临安霜降青

【学　名】Leguminosae（豆科）*Glycine*（大豆属）*Glycine max*（大豆）。
【采集地】浙江省杭州市临安区。

【主要特征特性】南方秋大豆品种；全生育期较长，从出苗到成熟100天；植株较高，成熟时从子叶节到植株生长点80.0cm，株型收敛，有限结荚习性；叶片椭圆形，叶色深绿；紫花，茸毛棕色；结荚分散，结荚节位较高；籽粒椭圆形，种皮绿色，子叶绿色，种脐黑色；百粒重48.5g。田间表现、产量一般。当地农民认为该品种品质优。

【优异特性与利用价值】浙江省内各地均可种植，籽粒商品性较好。可食用或作为加工原料。

【濒危状况及保护措施建议】在临安区各乡镇农户零星种植，已很难收集到。在异位妥善保存的同时，建议扩大种植面积。

30 灵昆大豆

【学 名】Leguminosae（豆科）*Glycine*（大豆属）*Glycine max*（大豆）。
【采集地】浙江省温州市洞头区。

【主要特征特性】南方秋大豆品种；全生育期较长，从出苗到成熟95天；植株较高，成熟时从子叶节到植株生长点85.0cm，株型收敛，有限结荚习性；叶片椭圆形，叶色深绿；紫花，茸毛灰色；结荚分散，结荚节位较高；籽粒椭圆形，种皮黄色，子叶黄色，种脐黄色；百粒重35.5g。田间表现、产量一般。当地农民认为该品种品质优，耐盐碱。

【优异特性与利用价值】浙江省内各地均可种植，耐盐碱、耐贫瘠，株型紧凑。可食用或作为加工原料。

【濒危状况及保护措施建议】在洞头区各乡镇农户零星种植，已很难收集到。在异位妥善保存的同时，建议扩大种植面积。

31 龙游黑豆

【学 名】Leguminosae（豆科）*Glycine*（大豆属）*Glycine max*（大豆）。
【采集地】浙江省衢州市龙游县。

【主要特征特性】南方秋大豆品种；全生育期较长，从出苗到成熟100天；株高适中，成熟时从子叶节到植株生长点62.0cm，株型收敛，有限结荚习性；叶片椭圆形，叶色深绿；紫花，茸毛棕色；结荚分散，结荚节位较高；籽粒椭圆形，种皮黑色，子叶绿色，种脐黑色；百粒重39.5g。田间表现、产量一般。当地农民认为该品种品质优。

【优异特性与利用价值】浙江省内各地均可种植，食用后养肾效果好。可食用、保健药用或作为加工原料。

【濒危状况及保护措施建议】在龙游县各乡镇农户零星种植，已很难收集到。在异位妥善保存的同时，建议扩大种植面积。

32 龙游金黄豆

【学　名】Leguminosae（豆科）*Glycine*（大豆属）*Glycine max*（大豆）。
【采集地】浙江省衢州市龙游县。

【主要特征特性】南方秋大豆品种；全生育期较长，从出苗到成熟90天；株高适中，成熟时从子叶节到植株生长点62.0cm，株型收敛，有限结荚习性；叶片椭圆形，叶色深绿；紫花，茸毛灰色；结荚分散，结荚节位较高；籽粒圆形，种皮黄色，子叶黄色，种脐褐色；百粒重27.5g。田间表现、产量一般。当地农民认为该品种品质优。

【优异特性与利用价值】浙江省内各地均可种植，豆腐出品率较高、口感较好。可食用、保健药用或作为加工原料。

【濒危状况及保护措施建议】在龙游县各乡镇农户零星种植，已很难收集到。在异位妥善保存的同时，建议扩大种植面积。

33 煤山黄豆

【学 名】Leguminosae（豆科）*Glycine*（大豆属）*Glycine max*（大豆）。
【采集地】浙江省湖州市长兴县。

【主要特征特性】南方秋大豆品种；全生育期较长，从出苗到成熟95天；株高适中，成熟时从子叶节到植株生长点75.0cm，株型收敛，有限结荚习性；叶片椭圆形，叶色深绿；白花，茸毛灰色；结荚分散，结荚节位较高；籽粒椭圆形，种皮黄色，子叶黄色，种脐褐色；百粒重33.5g。田间表现、产量一般。当地农民认为该品种品质优。

【优异特性与利用价值】浙江省内各地均可种植，粒大，嫩荚可食用。可食用或作为加工原料。

【濒危状况及保护措施建议】在长兴县各乡镇农户零星种植，已很难收集到。在异位妥善保存的同时，建议扩大种植面积。

34 煤山乌青豆

【学　名】Leguminosae（豆科）*Glycine*（大豆属）*Glycine max*（大豆）。

【采集地】浙江省湖州市长兴县。

【主要特征特性】南方秋大豆品种；全生育期较长，从出苗到成熟100天；株高适中，成熟时从子叶节到植株生长点67.0cm，株型收敛，有限结荚习性；叶片椭圆形，叶色深绿；紫花，茸毛棕色；结荚分散，结荚节位较高；籽粒椭圆形，种皮绿色，子叶绿色，种脐黑色；百粒重34.5g。田间表现、产量一般。当地农民认为该品种品质优。

【优异特性与利用价值】浙江省内各地均可种植，适合嫩荚食用，籽粒大。可食用或作为加工原料。

【濒危状况及保护措施建议】在长兴县各乡镇农户零星种植，已很难收集到。在异位妥善保存的同时，建议扩大种植面积。

35 南阳大豆

【学　名】Leguminosae（豆科）*Glycine*（大豆属）*Glycine max*（大豆）。
【采集地】浙江省湖州市长兴县。

【主要特征特性】南方秋大豆品种；全生育期较长，从出苗到成熟95天；植株较高，成熟时从子叶节到植株生长点88.0cm，株型收敛，有限结荚习性；叶片椭圆形，叶色深绿；紫花，茸毛灰色；结荚分散，结荚节位较高；籽粒椭圆形，种皮黄色，子叶黄色，种脐褐色；百粒重29.5g。田间表现、产量一般。当地农民认为该品种品质优。

【优异特性与利用价值】浙江省内各地均可种植，籽粒商品性较好。可食用或作为加工原料。

【濒危状况及保护措施建议】在长兴县各乡镇农户零星种植，已很难收集到。在异位妥善保存的同时，建议扩大种植面积。

36 濮院黄豆

【学　名】Leguminosae（豆科）*Glycine*（大豆属）*Glycine max*（大豆）。
【采集地】浙江省嘉兴市桐乡市。

【主要特征特性】南方秋大豆品种；全生育期较长，从出苗到成熟100天；植株较高，成熟时从子叶节到植株生长点78.0cm，株型收敛，有限结荚习性；叶片椭圆形，叶色深绿；白花，茸毛灰色；结荚分散，结荚节位较高；籽粒椭圆形，种皮黄色，子叶黄色，种脐褐色；百粒重41.5g。田间表现、产量一般。当地农民认为该品种品质优。
【优异特性与利用价值】浙江省内各地均可种植，可采嫩豆或青豆荚做菜食用。可食用、保健药用或作为加工原料。
【濒危状况及保护措施建议】在桐乡市各乡镇农户零星种植，已很难收集到。在异位妥善保存的同时，建议扩大种植面积。

37 浦江平二青壳豆

【学　名】Leguminosae（豆科）*Glycine*（大豆属）*Glycine max*（大豆）。
【采集地】浙江省金华市浦江县。

【主要特征特性】南方秋大豆品种；全生育期较长，从出苗到成熟90天；株高适中，成熟时从子叶节到植株生长点74.0cm，株型收敛，有限结荚习性；叶片椭圆形，叶色深绿；紫花，茸毛棕色；结荚分散，结荚节位较高；籽粒圆形，种皮绿色，子叶黄色，种脐褐色；百粒重27.5g。田间表现、产量一般。当地农民认为该品种籽粒品质优。

【优异特性与利用价值】浙江省内各地均可种植，籽粒商品性较好，制作豆浆、豆腐口感好。可食用或作为加工原料。

【濒危状况及保护措施建议】在浦江县各乡镇农户零星种植，已很难收集到。在异位妥善保存的同时，建议扩大种植面积。

38 浦江三粒乌

【学　名】Leguminosae（豆科）*Glycine*（大豆属）*Glycine max*（大豆）。
【采集地】浙江省金华市浦江县。

【主要特征特性】南方秋大豆品种；全生育期较长，从出苗到成熟95天；株高较高，成熟时从子叶节到植株生长点76.0cm，株型收敛，有限结荚习性；叶片椭圆形，叶色深绿；紫花，茸毛棕色；结荚分散，结荚节位较高；籽粒椭圆形，种皮黑色，子叶绿色，种脐黑色；百粒重33.5g。田间表现、产量一般。当地农民认为该品种籽粒品质优，荚大。
【优异特性与利用价值】浙江省内各地均可种植，籽粒商品性较好。可食用、保健药用或作为加工原料。
【濒危状况及保护措施建议】在浦江县各乡镇农户零星种植，已很难收集到。在异位妥善保存的同时，建议扩大种植面积。

39 浦江一箩豆

【学　名】Leguminosae（豆科）*Glycine*（大豆属）*Glycine max*（大豆）。
【采集地】浙江省金华市浦江县。

【主要特征特性】南方秋大豆品种；全生育期较长，从出苗到成熟90天；株高适中，成熟时从子叶节到植株生长点50.0cm，株型收敛，有限结荚习性；叶片椭圆形，叶色深绿；紫花，茸毛灰色；结荚集中，结荚节位较高；籽粒圆形，种皮黄色，子叶黄色，种脐褐色；百粒重22.5g。田间表现、产量一般。当地农民认为该品种籽粒品质优，是豆腐皮的优质原料。

【优异特性与利用价值】浙江省内各地均可种植，豆荚集中着生。可食用或作为加工原料。

【濒危状况及保护措施建议】在浦江县各乡镇农户零星种植，已很难收集到。在异位妥善保存的同时，建议扩大种植面积。

40 乾潭黄豆

【学　名】Leguminosae（豆科）*Glycine*（大豆属）*Glycine max*（大豆）。

【采集地】浙江省杭州市建德市。

【主要特征特性】南方秋大豆品种；全生育期适中，从出苗到成熟85天；株高适中，成熟时从子叶节到植株生长点54.0cm，株型收敛，有限结荚习性；叶片椭圆形，叶色深绿；紫花，茸毛棕色；结荚分散，结荚节位较高；籽粒圆形，种皮黄色，子叶黄色，种脐褐色；百粒重22.5g。田间表现、产量一般。当地农民认为该品种品质优。

【优异特性与利用价值】浙江省内各地均可种植，籽粒商品性较好。可食用或作为加工原料。

【濒危状况及保护措施建议】在建德市各乡镇农户零星种植，已很难收集到。在异位妥善保存的同时，建议扩大种植面积。

41 庆元大黄豆

【学　名】Leguminosae（豆科）*Glycine*（大豆属）*Glycine max*（大豆）。
【采集地】浙江省丽水市庆元县。

【主要特征特性】南方秋大豆品种；全生育期适中，从出苗到成熟90天；株高适中，成熟时从子叶节到植株生长点57.0cm，株型收敛，有限结荚习性；叶片椭圆形，叶色深绿；紫花，茸毛棕色；结荚分散，结荚节位较高；籽粒椭圆形，种皮黄色，子叶黄色，种脐黑色；百粒重27.5g。田间表现、产量一般。当地农民认为该品种品质优。

【优异特性与利用价值】浙江省内各地均可种植，籽粒商品性较好。可食用或作为加工原料。

【濒危状况及保护措施建议】在庆元县各乡镇农户零星种植，已很难收集到。在异位妥善保存的同时，建议扩大种植面积。

42 庆元黑豆

【学　名】Leguminosae（豆科）*Glycine*（大豆属）*Glycine max*（大豆）。
【采集地】浙江省丽水市庆元县。

【主要特征特性】南方秋大豆品种；全生育期适中，从出苗到成熟80天；株高适中，成熟时从子叶节到植株生长点67.0cm，株型收敛，有限结荚习性；叶片椭圆形，叶色深绿；白花，茸毛棕色；结荚分散，结荚节位较高；籽粒扁椭圆形，种皮黑色，子叶黄色，种脐黑色；百粒重23.5g。田间表现、产量一般。当地农民认为该品种品质优。

【优异特性与利用价值】浙江省内各地均可种植，籽粒商品性较好。可食用、保健药用或作为加工原料。

【濒危状况及保护措施建议】在庆元县各乡镇农户零星种植，已很难收集到。在异位妥善保存的同时，建议扩大种植面积。

43 庆元黄豆-1

【学　名】Leguminosae（豆科）*Glycine*（大豆属）*Glycine max*（大豆）。
【采集地】浙江省丽水市庆元县。

【主要特征特性】南方秋大豆品种；全生育期适中，从出苗到成熟90天；株高适中，成熟时从子叶节到植株生长点59.0cm，株型收敛，有限结荚习性；叶片椭圆形，叶色深绿；紫花，茸毛灰色；结荚分散，结荚节位较高；籽粒圆形，种皮黄色，子叶黄色，种脐褐色；百粒重27.5g。田间表现、产量一般。当地农民认为该品种品质优。
【优异特性与利用价值】浙江省内各地均可种植，籽粒商品性较好。可食用或作为加工原料。
【濒危状况及保护措施建议】在庆元县各乡镇农户零星种植，已很难收集到。在异位妥善保存的同时，建议扩大种植面积。

44 庆元黄豆-2

【学　名】Leguminosae（豆科）*Glycine*（大豆属）*Glycine max*（大豆）。
【采集地】浙江省丽水市庆元县。

【主要特征特性】南方秋大豆品种；全生育期适中，从出苗到成熟85天；株高适中，成熟时从子叶节到植株生长点68.0cm，株型收敛，有限结荚习性；叶片椭圆形，叶色深绿；紫花，茸毛灰色；结荚分散，结荚节位较高；籽粒椭圆形，种皮黄色，子叶黄色，种脐黄色；百粒重19.5g。田间表现、产量一般。当地农民认为该品种质优。
【优异特性与利用价值】浙江省内各地均可种植，籽粒商品性较好。可食用或作为加工原料。
【濒危状况及保护措施建议】在庆元县各乡镇农户零星种植，已很难收集到。在异位妥善保存的同时，建议扩大种植面积。

45 庆元六月黄

【学 名】Leguminosae（豆科）*Glycine*（大豆属）*Glycine max*（大豆）。
【采集地】浙江省丽水市庆元县。

【主要特征特性】南方秋大豆品种；全生育期适中，从出苗到成熟80天；株高适中，成熟时从子叶节到植株生长点64.0cm，株型收敛，有限结荚习性；叶片椭圆形，叶色深绿；紫花，茸毛灰色；结荚分散，结荚节位较高；籽粒圆形，种皮黄色，子叶黄色，种脐淡褐色；百粒重24.5g。田间表现、产量一般。当地农民认为该品种品质优。

【优异特性与利用价值】浙江省内各地均可种植，籽粒商品性较好。可食用品种作为加工原料。

【濒危状况及保护措施建议】在庆元县各乡镇农户零星种植，已很难收集到。在异位妥善保存的同时，建议扩大种植面积。

46 衢江黑马料豆

【学　名】Leguminosae（豆科）*Glycine*（大豆属）*Glycine max*（大豆）。
【采集地】浙江省衢州市衢江区。

【主要特征特性】南方秋大豆品种；全生育期较长，从出苗到成熟100天；植株较高，成熟时从子叶节到植株生长点80.0cm，易倒伏，株型收敛，亚有限结荚习性；叶片椭圆形，叶色深绿；紫花，茸毛棕色；结荚分散，结荚节位较高；籽粒扁椭圆形，种皮黑色，子叶黄色，种脐黑色；百粒重8.5g。田间表现、籽粒商品性、产量一般。当地农民认为该品种耐贫瘠。

【优异特性与利用价值】浙江省内各地均可种植，环境适应性较好。可饲用或作为加工原料。

【濒危状况及保护措施建议】在衢江区各乡镇农户零星种植，已很难收集到。在异位妥善保存的同时，建议扩大种植面积。

47 衢江马料豆

【学 名】Leguminosae（豆科）*Glycine*（大豆属）*Glycine max*（大豆）。
【采集地】浙江省衢州市衢江区。

【主要特征特性】南方秋大豆品种；全生育期较长，从出苗到成熟90天；株高适中，成熟时从子叶节到植株生长点65.0cm，易倒伏，株型收敛，亚有限结荚习性；叶片椭圆形，叶色深绿；紫花，茸毛棕色；结荚分散，结荚节位较高；籽粒扁椭圆形，种皮褐色，子叶黄色，种脐褐色；百粒重7.5g。田间表现、籽粒商品性、产量一般。当地农民认为该品种耐贫瘠。

【优异特性与利用价值】浙江省内各地均可种植，环境适应性较好。可饲用或作为加工原料。

【濒危状况及保护措施建议】在衢江区各乡镇农户零星种植，已很难收集到。在异位妥善保存的同时，建议扩大种植面积。

48 三界大毛豆

【学　名】Leguminosae（豆科）*Glycine*（大豆属）*Glycine max*（大豆）。

【采集地】浙江省绍兴市嵊州市。

【主要特征特性】南方秋大豆品种；全生育期较长，从出苗到成熟100天；植株较高，成熟时从子叶节到植株生长点88.0cm，株型收敛，有限结荚习性；叶片椭圆形，叶色深绿；白花，茸毛棕色；结荚分散，结荚节位较高；籽粒扁椭圆形，种皮绿色，子叶黄色，种脐黑色；百粒重48.5g。田间表现、产量一般。当地农民认为该品种品质优。

【优异特性与利用价值】浙江省内各地均可种植，豆荚长，籽粒大，味鲜糯，嫩荚可食用。可食用或作为加工原料。

【濒危状况及保护措施建议】在嵊州市各乡镇农户零星种植，已很难收集到。在异位妥善保存的同时，建议扩大种植面积。

49 沙湾绿皮豆

【学　名】Leguminosae（豆科）*Glycine*（大豆属）*Glycine max*（大豆）。
【采集地】浙江省丽水市景宁县。

【主要特征特性】南方秋大豆品种；全生育期较长，从出苗到成熟90天；株高适中，成熟时从子叶节到植株生长点67.0cm，株型收敛，有限结荚习性；叶片椭圆形，叶色深绿；白花，茸毛棕色；结荚分散，结荚节位较高；籽粒椭圆形，种皮绿色，子叶黄色，种脐褐色；百粒重19.5g。田间表现、产量一般。当地农民认为该品种品质优。
【优异特性与利用价值】浙江省内各地均可种植，籽粒商品性较好。可食用或作为加工原料。
【濒危状况及保护措施建议】在景宁县各乡镇农户零星种植，已很难收集到。在异位妥善保存的同时，建议扩大种植面积。

50 上虞八月拔黑毛豆

【学　名】Leguminosae（豆科）*Glycine*（大豆属）*Glycine max*（大豆）。

【采集地】浙江省绍兴市上虞区。

【主要特征特性】南方秋大豆品种；全生育期较长，从出苗到成熟100天；植株较高，成熟时从子叶节到植株生长点90.0cm，株型收敛，有限结荚习性；叶片椭圆形，叶色深绿；紫花，茸毛灰色；结荚分散，结荚节位较高；籽粒椭圆形，种皮黑色，子叶绿色，种脐黑色；百粒重42.5g。田间表现、产量水平较高。当地农民认为该品种品质优。

【优异特性与利用价值】浙江省内各地均可种植，农历八月收获，豆粒较大，种皮黑色，具有缓解高血压、糖尿病、出冷汗等症状。可食用、保健药用或作为加工原料。

【濒危状况及保护措施建议】在上虞区各乡镇农户零星种植，已很难收集到。在异位妥善保存的同时，建议扩大种植面积。

51 松阳乌豆

【学　名】Leguminosae（豆科）*Glycine*（大豆属）*Glycine max*（大豆）。
【采集地】浙江省丽水市松阳县。

【主要特征特性】南方秋大豆品种；全生育期适中，从出苗到成熟85天；株高适中，成熟时从子叶节到植株生长点74.0cm，株型收敛，有限结荚习性；叶片椭圆形，叶色深绿；紫花，茸毛灰色；结荚分散，结荚节位较高；籽粒椭圆形，种皮黑色，子叶黄色，种脐黑色；百粒重17.5g。田间表现、产量一般。当地农民认为该品种品质优，耐贫瘠。

【优异特性与利用价值】浙江省内各地均可种植，株型较集中，分枝数中等；豆粒大小为中等、椭圆形，种皮黑色；民间用于缓解盗汗、乏力等症状。可食用、保健药用或作为加工原料。

【濒危状况及保护措施建议】在松阳县各乡镇农户零星种植，已很难收集到。在异位妥善保存的同时，建议扩大种植面积。

52 遂昌矮脚豆

【学　名】Leguminosae（豆科）*Glycine*（大豆属）*Glycine max*（大豆）。
【采集地】浙江省丽水市遂昌县。

【主要特征特性】南方秋大豆品种；全生育期较长，从出苗到成熟95天；株高适中，成熟时从子叶节到植株生长点47.0cm，株型收敛，有限结荚习性；叶片椭圆形，叶色深绿；紫花，茸毛棕色；结荚分散，结荚节位较高；籽粒圆形，种皮黄色，子叶黄色，种脐褐色；百粒重24.5g。田间表现、产量一般。当地农民认为该品种品质优。
【优异特性与利用价值】浙江省内各地均可种植，籽粒商品性较好。可食用、饲用或作为加工原料。
【濒危状况及保护措施建议】在遂昌县各乡镇农户零星种植，已很难收集到。在异位妥善保存的同时，建议扩大种植面积。

53 桐乡八月黄

【学　名】Leguminosae（豆科）*Glycine*（大豆属）*Glycine max*（大豆）。
【采集地】浙江省嘉兴市桐乡市。

【主要特征特性】南方秋大豆品种；全生育期适中，从出苗到成熟90天；株高适中，成熟时从子叶节到植株生长点74.0cm，株型收敛，有限结荚习性；叶片椭圆形，叶色深绿；紫花，茸毛棕色；结荚分散，结荚节位较高；籽粒扁椭圆形，种皮浅绿色，子叶黄色，种脐黑色；百粒重27.5g。田间表现、产量一般。当地农民认为该品种品质优。

【优异特性与利用价值】浙江省内各地均可种植，籽粒大小中等、有褶皱，嫩荚可食用，籽粒可加工豆腐。可食用或作为加工原料。

【濒危状况及保护措施建议】在桐乡市各乡镇农户零星种植，已很难收集到。在异位妥善保存的同时，建议扩大种植面积。

54 桐乡青乌豆

【学　名】Leguminosae（豆科）*Glycine*（大豆属）*Glycine max*（大豆）。

【采集地】浙江省嘉兴市桐乡市。

【主要特征特性】南方秋大豆品种；全生育期较长，从出苗到成熟95天；株高适中，成熟时从子叶节到植株生长点73.0cm，株型收敛，有限结荚习性；叶片椭圆形，叶色深绿；紫花，茸毛棕色；结荚分散，结荚节位较高；籽粒扁椭圆形，种皮黄黑双色，子叶黄色，种脐黑色；百粒重47.5g。田间表现、产量一般。当地农民认为该品种品质优。

【优异特性与利用价值】浙江省内各地均可种植，口感糯、香味足。可食用、保健药用或作为加工原料。

【濒危状况及保护措施建议】在桐乡市各乡镇农户零星种植，已很难收集到。在异位妥善保存的同时，建议扩大种植面积。

55 桐乡十家香

【学　名】Leguminosae（豆科）*Glycine*（大豆属）*Glycine max*（大豆）。
【采集地】浙江省嘉兴市桐乡市。

【主要特征特性】南方秋大豆品种；全生育期较长，从出苗到成熟95天；株高适中，成熟时从子叶节到植株生长点76.0cm，株型收敛，有限结荚习性；叶片椭圆形，叶色深绿；紫花，茸毛灰色；结荚分散，结荚节位较高；籽粒扁椭圆形，种皮黄色，子叶黄色，种脐褐色；百粒重48.5g。田间表现、产量一般。当地农民认为该品种品质优，耐贫瘠。

【优异特性与利用价值】浙江省内各地均可种植，嫩荚可食用，有浓郁的糯香味，可加工豆腐。可食用或作为加工原料。

【濒危状况及保护措施建议】在桐乡市各乡镇农户零星种植，已很难收集到。在异位妥善保存的同时，建议扩大种植面积。

56 桐乡十月黄

【学　名】Leguminosae（豆科）*Glycine*（大豆属）*Glycine max*（大豆）。

【采集地】浙江省嘉兴市桐乡市。

【主要特征特性】南方秋大豆品种；全生育期较长，从出苗到成熟100天；植株较高，成熟时从子叶节到植株生长点81.0cm，株型收敛，有限结荚习性；叶片椭圆形，叶色深绿；紫花，茸毛灰色；结荚分散，结荚节位较高；籽粒圆形，种皮黄色，子叶黄色，种脐黑色；百粒重53.5g。田间表现、产量一般。当地农民认为该品种品质优。

【优异特性与利用价值】浙江省内各地均可种植，粒大、饱满、粒圆、黄皮，适合加工豆腐。可食用或作为加工原料。

【濒危状况及保护措施建议】在桐乡市各乡镇农户零星种植，已很难收集到。在异位妥善保存的同时，建议扩大种植面积。

57 文成九月黄

【学　名】Leguminosae（豆科）*Glycine*（大豆属）*Glycine max*（大豆）。
【采集地】浙江省温州市文成县。

【主要特征特性】南方秋大豆品种；全生育期较长，从出苗到成熟95天；植株较高，成熟时从子叶节到植株生长点85.0cm，株型收敛，有限结荚习性；叶片椭圆形，叶色深绿；紫花，茸毛灰色；结荚分散，结荚节位较高；籽粒椭圆形，种皮黄色，子叶黄色，种脐褐色；百粒重31.5g。田间表现、产量水平较高。当地农民认为该品种品质优，抗旱、耐贫瘠。

【优异特性与利用价值】浙江省内各地均可种植，籽粒商品性较好，产量水平较高。可食用或作为加工原料。

【濒危状况及保护措施建议】在文成县各乡镇农户零星种植，已很难收集到。在异位妥善保存的同时，建议扩大种植面积。

58 武义蜂窝豆

【学　名】Leguminosae（豆科）*Glycine*（大豆属）*Glycine max*（大豆）。
【采集地】浙江省金华市武义县。

【主要特征特性】南方秋大豆品种；全生育期较长，从出苗到成熟95天；株高适中，成熟时从子叶节到植株生长点64.0cm，株型收敛，有限结荚习性；叶片椭圆形，叶色深绿；紫花，茸毛灰色；结荚分散，结荚节位较高；籽粒椭圆形，种皮黄色，子叶黄色，种脐褐色；百粒重29.5g。田间表现、产量水平较高。当地农民认为该品种品质优，耐贫瘠。

【优异特性与利用价值】浙江省内各地均可种植，籽粒商品性较好。可食用或作为加工原料。

【濒危状况及保护措施建议】在武义县各乡镇农户零星种植，已很难收集到。在异位妥善保存的同时，建议扩大种植面积。

59 萧山八月半

【学　名】Leguminosae（豆科）*Glycine*（大豆属）*Glycine max*（大豆）。

【采集地】浙江省杭州市萧山区。

【主要特征特性】南方秋大豆品种；全生育期较长，从出苗到成熟95天；株高适中，成熟时从子叶节到植株生长点69.0cm，株型收敛，有限结荚习性；叶片椭圆形，叶色深绿；紫花，茸毛灰色；结荚分散，结荚节位较高；籽粒椭圆形，种皮黄色，子叶黄色，种脐褐色；百粒重28.5g。田间表现、产量一般。当地农民认为该品种品质优。

【优异特性与利用价值】浙江省内各地均可种植，籽粒商品性好，产量水平较高。可食用、保健药用或作为加工原料。

【濒危状况及保护措施建议】在萧山区各乡镇农户零星种植，已很难收集到。在异位妥善保存的同时，建议扩大种植面积。

60 新昌六月豆

【学　名】Leguminosae（豆科）*Glycine*（大豆属）*Glycine max*（大豆）。
【采集地】浙江省绍兴市新昌县。

【主要特征特性】南方秋大豆品种；全生育期较长，从出苗到成熟100天；株高适中，成熟时从子叶节到植株生长点67.0cm，株型收敛，有限结荚习性；叶片椭圆形，叶色深绿；白花，茸毛棕色；结荚分散，结荚节位较高；籽粒椭圆形，种皮黄色，子叶黄色，种脐褐色；百粒重28.5g。田间表现、产量一般。当地农民认为该品种品质优，抗旱、耐贫瘠。

【优异特性与利用价值】浙江省内各地均可种植，籽粒商品性较好。可食用或作为加工原料。

【濒危状况及保护措施建议】在新昌县各乡镇农户零星种植，已很难收集到。在异位妥善保存的同时，建议扩大种植面积。

61 新昌秋豆

【学　名】Leguminosae（豆科）*Glycine*（大豆属）*Glycine max*（大豆）。
【采集地】浙江省绍兴市新昌县。

【主要特征特性】南方秋大豆品种；全生育期较长，从出苗到成熟95天；植株较高，成熟时从子叶节到植株生长点83.0cm，株型收敛，有限结荚习性；叶片椭圆形，叶色深绿；白花，茸毛灰色；结荚分散，结荚节位较高；籽粒椭圆形，种皮黄色，子叶黄色，种脐褐色；百粒重43.5g。田间表现、产量一般。当地农民认为该品种品质优，耐贫瘠。
【优异特性与利用价值】浙江省内各地均可种植，籽粒商品性较好。可食用或作为加工原料。
【濒危状况及保护措施建议】在新昌县各乡镇农户零星种植，已很难收集到。在异位妥善保存的同时，建议扩大种植面积。

62 新宅章子乌

【学　名】Leguminosae（豆科）*Glycine*（大豆属）*Glycine max*（大豆）。

【采集地】浙江省金华市武义县。

【主要特征特性】南方秋大豆品种；全生育期较长，从出苗到成熟100天；植株适中，成熟时从子叶节到植株生长点76.0cm，株型收敛，有限结荚习性；叶片椭圆形，叶色深绿；紫花，茸毛棕色；结荚分散，结荚节位较高；籽粒椭圆形，种皮黑色，子叶绿色，种脐黑色；百粒重43.5g。田间表现、产量一般。当地农民认为该品种品质优。

【优异特性与利用价值】浙江省内各地均可种植，籽粒商品性较好。可食用、保健药用或作为加工原料。

【濒危状况及保护措施建议】在武义县各乡镇农户零星种植，已很难收集到。在异位妥善保存的同时，建议扩大种植面积。

63 宜山黑豆

【学　名】Leguminosae（豆科）*Glycine*（大豆属）*Glycine max*（大豆）。
【采集地】浙江省温州市苍南县。

【主要特征特性】南方秋大豆品种；全生育期较长，从出苗到成熟100天；植株较高，成熟时从子叶节到植株生长点88.0cm，株型收敛，有限结荚习性；叶片椭圆形，叶色深绿；紫花，茸毛棕色；结荚分散，结荚节位较高；籽粒椭圆形，种皮黑色，子叶绿色，种脐黑色；百粒重49.5g。田间表现、产量一般。当地农民认为该品种品质优。

【优异特性与利用价值】浙江省内各地均可种植，泡酒食用较好。可食用或作为加工原料。

【濒危状况及保护措施建议】在苍南县各乡镇农户零星种植，已很难收集到。在异位妥善保存的同时，建议扩大种植面积。

64 长兴八月黄

【学　名】Leguminosae（豆科）*Glycine*（大豆属）*Glycine max*（大豆）。
【采集地】浙江省湖州市长兴县。

【主要特征特性】南方秋大豆品种；全生育期较长，从出苗到成熟95天；植株较高，成熟时从子叶节到植株生长点82.0cm，株型收敛，有限结荚习性；叶片椭圆形，叶色深绿；紫花，茸毛灰色；结荚分散，结荚节位较高；籽粒椭圆形，种皮黄色，子叶黄色，种脐褐色；百粒重36.5g。田间表现、产量一般。当地农民认为该品种品质优。

【优异特性与利用价值】浙江省内各地均可种植，毛豆烘成青豆后口味鲜香。可食用或作为加工原料。

【濒危状况及保护措施建议】在长兴县各乡镇农户零星种植，已很难收集到。在异位妥善保存的同时，建议扩大种植面积。

65 长兴扁青

【学　名】Leguminosae（豆科）*Glycine*（大豆属）*Glycine max*（大豆）。
【采集地】浙江省湖州市长兴县。

【主要特征特性】南方秋大豆品种；全生育期较长，从出苗到成熟90天；植株较高，成熟时从子叶节到植株生长点81.0cm，株型收敛，有限结荚习性；叶片椭圆形，叶色深绿；紫花，茸毛棕色；结荚分散，结荚节位较高；籽粒扁椭圆形，种皮绿色，子叶黄色，种脐褐色；百粒重40.5g。田间表现、产量一般。当地农民认为该品种口感好。

【优异特性与利用价值】浙江省内各地均可种植，籽粒商品性较好。可食用或作为加工原料。

【濒危状况及保护措施建议】在长兴县各乡镇农户零星种植，已很难收集到。在异位妥善保存的同时，建议扩大种植面积。

66 长兴黄豆

【学　名】Leguminosae（豆科）*Glycine*（大豆属）*Glycine max*（大豆）。
【采集地】浙江省湖州市长兴县。

【主要特征特性】南方秋大豆品种；全生育期适中，从出苗到成熟80天；植株矮，成熟时从子叶节到植株生长点35.0cm，株型收敛，有限结荚习性；叶片椭圆形，叶色深绿；白花，茸毛灰色；结荚分散，结荚节位较高；籽粒椭圆形，种皮绿色，子叶黄色，种脐黄色；百粒重30.5g。田间表现、产量一般。当地农民认为该品种品质优。

【优异特性与利用价值】浙江省内各地均可种植，可食用或作为加工原料。

【濒危状况及保护措施建议】在长兴县各乡镇农户零星种植，已很难收集到。在异位妥善保存的同时，建议扩大种植面积。

67 长兴黄皮黄豆

【学　名】Leguminosae（豆科）*Glycine*（大豆属）*Glycine max*（大豆）。
【采集地】浙江省湖州市长兴县。

【主要特征特性】南方秋大豆品种；全生育期较长，从出苗到成熟95天；植株较高，成熟时从子叶节到植株生长点83.0cm，株型收敛，有限结荚习性；叶片椭圆形，叶色深绿；紫花，茸毛灰色；结荚分散，结荚节位较高；籽粒圆形，种皮黄色，子叶黄色，种脐褐色；百粒重41.5g。田间表现、产量一般。当地农民认为该品种品质优。
【优异特性与利用价值】浙江省内各地均可种植，籽粒商品性较好。可食用或作为加工原料。
【濒危状况及保护措施建议】在长兴县各乡镇农户零星种植，已很难收集到。在异位妥善保存的同时，建议扩大种植面积。

68 长兴七月毛黄豆

【学　名】Leguminosae（豆科）*Glycine*（大豆属）*Glycine max*（大豆）。
【采集地】浙江省湖州市长兴县。

【主要特征特性】南方秋大豆品种；全生育期较长，从出苗到成熟95天；株高适中，成熟时从子叶节到植株生长点59.0cm，株型收敛，有限结荚习性；叶片椭圆形，叶色深绿；紫花，茸毛灰色；结荚分散，结荚节位较高；籽粒椭圆形，种皮黄色，子叶黄色，种脐褐色；百粒重33.5g。田间表现、产量一般。当地农民认为该品种品质优。
【优异特性与利用价值】浙江省内各地均可种植，嫩荚可食用。可食用或作为加工原料。
【濒危状况及保护措施建议】在长兴县各乡镇农户零星种植，已很难收集到。在异位妥善保存的同时，建议扩大种植面积。

69 长兴七月毛青豆

【学　名】Leguminosae（豆科）*Glycine*（大豆属）*Glycine max*（大豆）。
【采集地】浙江省湖州市长兴县。

【主要特征特性】南方秋大豆品种；全生育期较长，从出苗到成熟95天；植株较高，成熟时从子叶节到植株生长点77.0cm，株型收敛，有限结荚习性；叶片椭圆形，叶色深绿；紫花，茸毛棕色；结荚分散，结荚节位较高；籽粒椭圆形，种皮绿色，子叶黄色，种脐黑色；百粒重32.5g。田间表现、产量一般。当地农民认为该品种品质优。
【优异特性与利用价值】浙江省内各地均可种植。可食用或作为加工原料。
【濒危状况及保护措施建议】在长兴县各乡镇农户零星种植，已很难收集到。在异位妥善保存的同时，建议扩大种植面积。

70 长兴青豆

【学　名】Leguminosae（豆科）*Glycine*（大豆属）*Glycine max*（大豆）。
【采集地】浙江省湖州市长兴县。

【主要特征特性】南方秋大豆品种；全生育期较长，从出苗到成熟95天；株高适中，成熟时从子叶节到植株生长点74.0cm，株型收敛，有限结荚习性；叶片椭圆形，叶色深绿；紫花，茸毛棕色；结荚分散，结荚节位较高；籽粒椭圆形，种皮绿色，子叶绿色，种脐黑色；百粒重38.5g。田间表现、产量一般。当地农民认为该品种品质优。

【优异特性与利用价值】浙江省内各地均可种植，加工成豆腐后口味鲜美。可食用或作为加工原料。

【濒危状况及保护措施建议】在长兴县各乡镇农户零星种植，已很难收集到。在异位妥善保存的同时，建议扩大种植面积。

71 长兴青皮黄豆

【学　名】Leguminosae（豆科）*Glycine*（大豆属）*Glycine max*（大豆）。
【采集地】浙江省湖州市长兴县。

【主要特征特性】南方秋大豆品种；全生育期较长，从出苗到成熟95天；植株较高，成熟时从子叶节到植株生长点89.0cm，株型收敛，有限结荚习性；叶片椭圆形，叶色深绿；紫花，茸毛棕色；结荚分散，结荚节位较高；籽粒椭圆形，种皮绿色，子叶黄色，种脐黑色；百粒重45.5g。田间表现、产量一般。当地农民认为该品种品质优。

【优异特性与利用价值】浙江省内各地均可种植，籽粒商品性较好。可食用或作为加工原料。

【濒危状况及保护措施建议】在长兴县各乡镇农户零星种植，已很难收集到。在异位妥善保存的同时，建议扩大种植面积。

72 长兴晚熟青豆

【学　名】Leguminosae（豆科）*Glycine*（大豆属）*Glycine max*（大豆）。
【采集地】浙江省湖州市长兴县。

【主要特征特性】南方秋大豆品种；全生育期较长，从出苗到成熟105天；株高适中，成熟时从子叶节到植株生长点74.0cm，株型收敛，有限结荚习性；叶片椭圆形，叶色深绿；紫花，茸毛棕色；结荚分散，结荚节位较高；籽粒椭圆形，种皮绿色，子叶绿色，种脐褐色；百粒重30.5g。田间表现、产量一般。当地农民认为该品种品质优。

【优异特性与利用价值】浙江省内各地均可种植，烘干后食用口味佳。可食用或作为加工原料。

【濒危状况及保护措施建议】在长兴县各乡镇农户零星种植，已很难收集到。在异位妥善保存的同时，建议扩大种植面积。

73 中洲八月豆

【学　名】Leguminosae（豆科）*Glycine*（大豆属）*Glycine max*（大豆）。
【采集地】浙江省杭州市淳安县。

【主要特征特性】南方秋大豆品种；全生育期适中，从出苗到成熟80天；株高适中，成熟时从子叶节到植株生长点42.0cm，株型收敛，有限结荚习性；叶片椭圆形，叶色深绿；紫花，茸毛灰色；结荚分散，结荚节位较高；籽粒圆形，种皮黄色，子叶黄色，种脐褐色；百粒重19.5g。田间表现、产量一般。当地农民认为该品种品质优。
【优异特性与利用价值】浙江省内各地均可种植，籽粒商品性好。可食用或作为加工原料。
【濒危状况及保护措施建议】在淳安县各乡镇农户零星种植，已很难收集到。在异位妥善保存的同时，建议扩大种植面积。

74 中洲冬豆

【学　名】Leguminosae（豆科）*Glycine*（大豆属）*Glycine max*（大豆）。
【采集地】浙江省杭州市淳安县。

【主要特征特性】南方秋大豆品种；全生育期适中，从出苗到成熟70天。株高适中，成熟时从子叶节到植株生长点51.0cm，株型收敛，有限结荚习性；叶片椭圆形，叶色深绿；紫花，茸毛灰色；结荚分散，结荚节位较高；籽粒圆形，种皮黄色，子叶黄色，种脐褐色；百粒重34.5g。田间表现、产量一般。当地农民认为该品种品质优。
【优异特性与利用价值】浙江省内各地均可种植，籽粒商品性好。可食用或作为加工原料。
【濒危状况及保护措施建议】在淳安县各乡镇农户零星种植，已很难收集到。在异位妥善保存的同时，建议扩大种植面积。

75 中洲窄叶冬豆

【学 名】Leguminosae（豆科）*Glycine*（大豆属）*Glycine max*（大豆）。
【采集地】浙江省杭州市淳安县。

【主要特征特性】南方秋大豆品种；全生育期适中，从出苗到成熟90天。株高适中，成熟时从子叶节到植株生长点51.0cm，株型收敛，有限结荚习性；叶片椭圆形，叶色深绿；紫花，茸毛灰色；结荚分散，结荚节位较高；籽粒圆形，种皮黄色，子叶黄色，种脐褐色；百粒重34.5g。田间表现、产量一般。当地农民认为该品种品质优。
【优异特性与利用价值】浙江省内各地均可种植，籽粒商品性好。可食用或作为加工原料。
【濒危状况及保护措施建议】在淳安县各乡镇农户零星种植，已很难收集到。在异位妥善保存的同时，建议扩大种植面积。

76 诸暨大豆

【学　名】Leguminosae（豆科）*Glycine*（大豆属）*Glycine max*（大豆）。
【采集地】浙江省绍兴市诸暨市。

【主要特征特性】南方秋大豆品种；全生育期较长，从出苗到成熟95天；株高适中，成熟时从子叶节到植株生长点71.0cm，株型收敛，有限结荚习性；叶片椭圆形，叶色深绿；白花，茸毛灰色；结荚分散，结荚节位较高；籽粒圆形，种皮黄色，子叶黄色，种脐褐色；百粒重44.5g。田间表现、产量一般。当地农民认为该品种品质优，耐贫瘠。

【优异特性与利用价值】浙江省内各地均可种植，利用籽粒加工的豆腐绵、糯、酥。可食用或作为加工原料。

【濒危状况及保护措施建议】在诸暨市各乡镇农户零星种植，已很难收集到。在异位妥善保存的同时，建议扩大种植面积。

77 竹口黄豆

【学　名】Leguminosae（豆科）*Glycine*（大豆属）*Glycine max*（大豆）。
【采集地】浙江省丽水市庆元县。

【主要特征特性】南方秋大豆品种；全生育期较长，从出苗到成熟95天；株高适中，成熟时从子叶节到植株生长点60.0cm，株型收敛，有限结荚习性；叶片椭圆形，叶色深绿；紫花，茸毛灰色；结荚分散，结荚节位较高；籽粒圆形，种皮黄色，子叶黄色，种脐褐色；百粒重26.5g。田间表现、产量一般。当地农民认为该品种品质优。

【优异特性与利用价值】浙江省内各地均可种植，籽粒商品性较好。可食用或作为加工原料。

【濒危状况及保护措施建议】在庆元县各乡镇农户零星种植，已很难收集到。在异位妥善保存的同时，建议扩大种植面积。

第三章

浙江省蚕豆种质资源

1 大门小青蚕豆

【学　名】Leguminosae（豆科）*Vicia*（蚕豆属）*Vicia faba*（蚕豆）。

【采集地】浙江省温州市洞头区。

【主要特征特性】中粒类型。较早熟，播种后128天可采收鲜荚。株高100cm，节间数23节，单株分枝数7个。叶色深绿，叶腋有花青斑，小叶卵圆形，茎秆紫色，花旗瓣紫色，花翼瓣黑色，每花序花5～6朵。初荚节位为第3节，单株荚果数74个，鲜荚绿色，鲜荚长8.0cm，鲜荚宽1.9cm，鲜荚重7.8g。籽粒深绿色，种脐黑色和绿色，百粒重96g。

【优异特性与利用价值】开花结荚较早，可利用其早熟性用作蚕豆育种材料。

【濒危状况及保护措施建议】采集地有少量种植，农户认为该品种耐贫瘠。建议作为种质资源保留，并可用作育种材料。

2 大云蚕豆

【学　名】Leguminosae（豆科）*Vicia*（蚕豆属）*Vicia faba*（蚕豆）。
【采集地】浙江省嘉兴市嘉善县。

【主要特征特性】大粒类型。迟熟，播种后183天可采收鲜荚。株高105cm，节间数17节，单株分枝数5个。叶色绿，叶腋有花青斑，小叶卵圆形，茎秆有紫斑纹，花旗瓣有浅紫斑纹，花翼瓣黑色，每花序花3朵。初荚节位为第4节，单株荚果数17个，鲜荚绿色，鲜荚长11.5cm，鲜荚宽2.4cm，鲜荚重19.0g。籽粒绿色和褐色，种脐黑色和绿色，百粒重168g。
【优异特性与利用价值】环境适应性和抗性等可利用。
【濒危状况及保护措施建议】采集地大田或房前屋后种植，自家食用或市场出售。建议作为种质资源保留，并可用作育种材料。

3 洞头小粒青

【学　名】Leguminosae（豆科）*Vicia*（蚕豆属）*Vicia faba*（蚕豆）。
【采集地】浙江省温州市洞头区。

【主要特征特性】小粒类型。较早熟，播种后124天可采收鲜荚。株高85cm，节间数20节，单株分枝数8个。叶色深绿，叶腋有花青斑，小叶卵圆形，茎秆紫色，花旗瓣白色带紫纹，花翼瓣黑色，每花序花5朵。初荚节位为第3节，单株荚果数 86个，鲜荚绿色，鲜荚长8.8cm，鲜荚宽1.8cm，鲜荚重8.2g。籽粒浅绿色和浅褐色，种脐黑色，百粒重62g。
【优异特性与利用价值】开花结荚较早，可利用其早熟性用作蚕豆育种材料。
【濒危状况及保护措施建议】采集地有少量种植，农户认为该品种品质优，耐寒、耐贫瘠。建议作为种质资源保留，并可用作育种材料。

4 干窑蚕豆

【学　名】Leguminosae（豆科）*Vicia*（蚕豆属）*Vicia faba*（蚕豆）。
【采集地】浙江省嘉兴市嘉善县。

【主要特征特性】大粒类型。播种后180天可采收鲜荚。株高95cm，节间数20节，单株分枝数6个。叶色绿，叶腋有花青斑，小叶卵圆形，茎秆有紫斑纹，花旗瓣白色带褐纹，花翼瓣黑色，每花序花3朵。初荚节位为第4节，单株荚果数 17个，鲜荚绿色，鲜荚长10.5cm，鲜荚宽2.2cm，鲜荚重14.2g。籽粒绿色和褐色，种脐黑色和绿色，百粒重142g。
【优异特性与利用价值】环境适应性和抗性等可利用。
【濒危状况及保护措施建议】采集地自家食用或市场出售，种植面积少，历史较悠久。建议作为种质资源保留，并可用作育种材料。

5 柳城小佛豆

【学　名】Leguminosae（豆科）*Vicia*（蚕豆属）*Vicia faba*（蚕豆）。

【采集地】浙江省金华市武义县。

【主要特征特性】中粒类型。播种后173天可采收鲜荚。株高98cm，节间数20节，单株分枝数5个。叶色绿，叶腋有花青斑，小叶椭圆形，茎秆有紫斑纹，花旗瓣白色带淡紫纹，花翼瓣黑色，每花序花4朵。初荚节位为第4节，单株荚果数 20个，鲜荚绿色，鲜荚长8.0cm，鲜荚宽1.8cm，鲜荚重8.5g。籽粒浅绿色和褐色，种脐黑色和浅绿色，百粒重80g。

【优异特性与利用价值】抗病性强、抗虫，可用作蚕豆育种材料。

【濒危状况及保护措施建议】采集地嫩时以嫩荚食用，成熟后制干货。采集地有少量种植。建议作为种质资源保留，并可用作育种材料。

6 马岙倭豆

【学　名】Leguminosae（豆科）*Vicia*（蚕豆属）*Vicia faba*（蚕豆）。
【采集地】浙江省舟山市定海区。

【主要特征特性】大粒类型。播种后183天可采收鲜荚。株高107cm，节间数17节，单株分枝数6个。叶色绿，叶腋有花青斑，小叶卵圆形，茎秆有紫斑纹，花旗瓣白色带浅紫斑纹，花翼瓣黑色，每花序花4朵。初荚节位为第5节，单株荚果数17个，鲜荚绿色，鲜荚长12.0cm，鲜荚宽2.5cm，鲜荚重23.0g。籽粒浅绿色和褐色，种脐黑色，百粒重175g。
【优异特性与利用价值】环境适应性和抗性等可利用。
【濒危状况及保护措施建议】采集地自家食用或市场出售。建议作为种质资源保留，并可用作育种材料。

7 桃溪佛豆

【学　名】Leguminosae（豆科）*Vicia*（蚕豆属）*Vicia faba*（蚕豆）。

【采集地】浙江省金华市武义县。

【主要特征特性】中粒类型。播种后175天可采收鲜荚。株高102cm，节间数19节，单株分枝数5个。叶色绿，叶腋有花青斑，小叶椭圆形，茎秆有紫斑纹，花旗瓣白色带浅紫纹，花翼瓣黑色，每花序花3朵。初荚节位为第4节，单株荚果数 18个，鲜荚绿色，鲜荚长9.0cm，鲜荚宽1.9cm，鲜荚重10.1g。籽粒绿色和褐色，种脐黑色，百粒重82g。

【优异特性与利用价值】环境适应性和抗性等可利用。

【濒危状况及保护措施建议】采集地自家食用，历史悠久，香脆，粒饱满，嫩荚可食用和制干货。建议作为种质资源保留，并可用作育种材料。

8 陶山蚕豆

【学　名】Leguminosae（豆科）*Vicia*（蚕豆属）*Vicia faba*（蚕豆）。
【采集地】浙江省温州市瑞安市。

【主要特征特性】小粒类型。极早熟，播种后116天可采收鲜荚。株高80cm，节间数19节，单株分枝数5个。叶色深绿，叶腋有花青斑，小叶卵圆形，茎秆紫色和绿色，花旗瓣白色带浅紫纹，花翼瓣黑色，每花序花4～6朵。初荚节位为第3节，单株荚果数50个，鲜荚绿色，鲜荚长7.7cm，鲜荚宽1.6cm，鲜荚重6.5g。籽粒浅绿色和浅褐色，种脐黑色，百粒重63g。

【优异特性与利用价值】开花结荚早，可利用其早熟性用作蚕豆育种材料。

【濒危状况及保护措施建议】采集地有少量种植，历史悠久，自家食用，鲜粒炒菜和干粒炒货兼用。建议作为种质资源保留，并可用作育种材料。

9 头陀川豆

【学　名】Leguminosae（豆科）*Vicia*（蚕豆属）*Vicia faba*（蚕豆）。
【采集地】浙江省台州市黄岩区。

【主要特征特性】中粒类型。播种后179天可采收鲜荚。株高105cm，节间数20节，单株分枝数6个。叶色绿，叶腋有花青斑，小叶椭圆形，茎秆有紫斑纹，花旗瓣紫红色，花翼瓣黑色，每花序花3朵。初荚节位为第4节，单株荚果数 25个，鲜荚绿色，鲜荚长8.5cm，鲜荚宽2.1cm，鲜荚重11.8g。籽粒绿色和褐色，种脐黑色和浅绿色，百粒重104g。

【优异特性与利用价值】环境适应性和抗性等可利用。

【濒危状况及保护措施建议】采集地自家食用或市场出售，种植面积很少，历史较悠久。建议作为种质资源保留，并可用作育种材料。

第四章

浙江省饭豆种质资源

第一节 野生饭豆

1 安吉野赤豆

【学　名】Leguminosae（豆科）*Vigna*（豇豆属）*Vigna umbellata*（饭豆）。
【采集地】浙江省湖州市安吉县。

【主要特征特性】蔓生，7月2日播种，9月10日始花，10月9日采荚，早熟，无限结荚习性。株高181cm，茎粗6.2mm，主茎节数18.7节，幼茎紫色，主茎绿色，出苗期对生单叶披针形，三出复叶，心形。主茎分枝数2.7个。蝶形花，总状花序，腋生，花黄色。单株荚果数23.6个，荚果长92.0mm、宽4.8mm，荚果镰刀形，褐色，顶端有喙。每荚粒数8.6粒，籽粒长6.4mm、宽3.7mm，百粒重5.8g，籽粒长圆形、红色，脐环白色，种脐白色、边缘凸出、中间凹入。当地农民认为该品种品质优，耐贫瘠。
【优异特性与利用价值】籽粒红色。可煮粥，茎叶可作饲料，也可作为育种材料利用。
【濒危状况及保护措施建议】建议扩大种植面积，妥善异位保存。

2 东阳野生红赤

【学　名】Leguminosae（豆科）*Vigna*（豇豆属）*Vigna umbellata*（饭豆）。
【采集地】浙江省金华市东阳市。

【主要特征特性】蔓生，7月5日播种，9月13日始花，10月22日采荚，晚熟，无限结荚习性。株高265cm，茎粗6.7mm，幼茎紫色，主茎绿色，出苗期对生单叶披针形，三出复叶，心形。主茎分枝数6.7个。蝶形花，总状花序，腋生，花黄色。荚果长93.0～110.0mm、宽4.8～5.8mm，荚果镰刀形，褐色，顶端有喙。每荚粒数8.9粒，籽粒长7.1mm、宽3.9mm，百粒重9.4g，籽粒长圆形、红色，脐环白色，种脐白色、边缘凸出、中间凹入。当地农民认为该品种品质优，耐贫瘠，当地已经种植50年。
【优异特性与利用价值】籽粒红色，种植历史悠久。可煮粥，茎叶可作饲料，也可作为育种材料利用。
【濒危状况及保护措施建议】建议扩大种植面积，妥善异位保存。

3 海盐野生黑小豆

【学　名】Leguminosae（豆科）*Vigna*（豇豆属）*Vigna umbellata*（饭豆）。
【采集地】浙江省嘉兴市海盐县。

【主要特征特性】蔓生，7月2日播种，9月10日始花，9月30日采荚，晚熟，无限结荚习性。株高190cm，茎粗7.6mm，主茎节数13.7节，幼茎绿色，主茎绿色，出苗期对生单叶披针形，三出复叶，心形或卵圆形。主茎分枝数4.0个。蝶形花，总状花序，腋生，花黄色。单株荚果数28.7个，荚果长97.4mm、宽5.4mm，荚果镰刀形，褐色，顶端有喙。每荚粒数8.4粒，籽粒长6.1mm、宽3.6mm，百粒重5.5g，籽粒长圆形、紫黑有花纹，脐环白色，种脐白色、边缘凸出、中间凹入。当地农民认为该品种抗旱、耐贫瘠。
【优异特性与利用价值】籽粒紫黑有花纹。可煮粥、做馅，茎叶可作饲料，也可作为育种材料利用。
【濒危状况及保护措施建议】建议扩大种植面积，妥善异位保存。

4 海盐野生红小豆

【学　名】Leguminosae（豆科）*Vigna*（豇豆属）*Vigna umbellata*（饭豆）。
【采集地】浙江省嘉兴市海盐县。

【主要特征特性】蔓生，7月2日播种，9月10日始花，10月9日采荚，早熟，无限结荚习性。株高211cm，茎粗7.1mm，主茎节数23.0节，幼茎紫色，主茎绿色，出苗期对生单叶披针形，三出复叶，心形。主茎分枝数2.7个。蝶形花，总状花序，腋生，花黄色。单株荚果数28.4个，荚果长102.4mm、宽6.0mm，荚果镰刀形，褐色，顶端有喙，每荚粒数8.6粒，籽粒长6.6mm、宽3.7mm，百粒重5.8g，籽粒长圆形、红色，脐环白色，种脐白色、边缘凸出、中间凹入。当地农民认为该品种抗旱、耐贫瘠。
【优异特性与利用价值】籽粒红色，早熟。可煮粥、做馅，茎叶可作饲料，也可作为育种材料利用。
【濒危状况及保护措施建议】建议扩大种植面积，妥善异位保存。

5 红皮野赤豆

【学　名】Leguminosae（豆科）*Vigna*（豇豆属）*Vigna umbellata*（饭豆）。
【采集地】浙江省嘉兴市桐乡市。

【主要特征特性】蔓生，7月2日播种，9月12日始花，10月8日采荚，早熟，无限结荚习性。株高257cm，茎粗8.6mm，主茎节数25.7节，幼茎浅紫色，主茎绿色，出苗期对生单叶披针形，三出复叶，心形。主茎分枝数4.3个。蝶形花，总状花序，腋生，花黄色。单株荚果数62.2个，荚果长101.6mm、宽5.4mm，荚果镰刀形，褐色，顶端有喙。每荚粒数9.4粒，籽粒长6.0mm、宽3.6mm，百粒重5.2g，籽粒长圆形、红色，脐环白色，种脐白色、边缘凸出、中间凹入。当地农民认为该品种抗旱、耐贫瘠。
【优异特性与利用价值】早熟。可煮粥、做馅和糯米饭，茎叶可作饲料，也可作为育种材料利用。
【濒危状况及保护措施建议】建议扩大种植面积，妥善异位保存。

6 嘉善野赤豆

【学 名】Leguminosae（豆科）*Vigna*（豇豆属）*Vigna umbellata*（饭豆）。
【采集地】浙江省嘉兴市嘉善县。

【主要特征特性】蔓生，7月2日播种，9月1日始花，9月30日采荚，早熟，无限结荚习性。株高188cm，茎粗6.7mm，主茎节数18.7节，幼茎浅绿色，主茎绿色，出苗期对生单叶披针形，三出复叶，卵圆形。主茎分枝数3.7个。蝶形花，总状花序，腋生，花黄色。单株荚果数33.2个，荚果长90.4mm、宽5.2mm，荚果镰刀形，褐色，顶端有喙。每荚粒数7.6粒，籽粒长6.3mm、宽3.8mm，百粒重6.0g，籽粒长圆形、红色，脐环白色，种脐白色、边缘凸出、中间凹入。
【优异特性与利用价值】早熟。可煮粥、做馅，茎叶可作饲料，也可作为育种材料利用。
【濒危状况及保护措施建议】建议扩大种植面积，妥善异位保存。

7 兰溪野生绿豆

【学　名】Leguminosae（豆科）*Vigna*（豇豆属）*Vigna umbellata*（饭豆）。
【采集地】浙江省金华市兰溪市。

【主要特征特性】蔓生，7月2日播种，9月1日始花，10月9日采荚，早熟，半有限结荚习性。株高207cm，茎粗8.7mm，主茎节数21.0节，幼茎紫色，主茎绿色，出苗期对生单叶披针形，三出复叶，心形或卵圆形。主茎分枝数4.3个。蝶形花，总状花序，腋生，花黄色，单株荚果数12.4个，荚果长103.1mm、宽4.6mm，荚果镰刀形，褐色，顶端有喙。每荚粒数12.1粒，籽粒长6.0mm、宽3.6mm，百粒重5.2g，籽粒长圆形、黄色（少数红色），脐环白色，种脐白色、边缘凸出、中间凹入。当地农民认为该品种抗性好、营养成分丰富。
【优异特性与利用价值】早熟。可煮粥、做馅，茎叶可作饲料，也可作为育种材料利用。
【濒危状况及保护措施建议】建议扩大种植面积，妥善异位保存。

8 平湖黑野赤豆

【学　名】Leguminosae（豆科）*Vigna*（豇豆属）*Vigna umbellata*（饭豆）。
【采集地】浙江省嘉兴市平湖市。

【主要特征特性】蔓生，7月5日播种，9月7日始花，10月上旬采荚，早熟，无限结荚习性。株高266cm，茎粗7.3mm，幼茎紫色，出苗期对生单叶披针形，三出复叶，心形或卵圆形。主茎分枝数7.3个。蝶形花，总状花序，腋生，花黄色。荚果长85.0～104.0mm、宽4.3～5.4mm，荚果镰刀形，褐色，顶端有喙。每荚粒数8.0粒，籽粒长6.6mm、宽3.7mm，百粒重5.7g，籽粒长圆形、紫黑色，脐环白色，种脐白色、边缘凸出、中间凹入。当地农民认为该品种耐贫瘠、不易煮烂、香味较浓，药食两用。
【优异特性与利用价值】籽粒紫黑色，香味浓。可煮粥、做馅，茎叶可作饲料，药食两用，也可作为育种材料利用。
【濒危状况及保护措施建议】建议扩大种植面积，妥善异位保存。

9 平湖红野赤豆

【学　名】Leguminosae（豆科）*Vigna*（豇豆属）*Vigna umbellata*（饭豆）。
【采集地】浙江省嘉兴市平湖市。

【主要特征特性】蔓生，7月5日播种，9月10日始花，10月上旬采收，早熟，无限结荚习性。株高258cm，茎粗5.3mm，幼茎紫色或绿色，出苗期对生单叶披针形，三出复叶，心形或卵圆形。主茎分枝数5.3个。蝶形花，总状花序，腋生，花黄色。荚果长85.0～101.0mm、宽4.1～5.9mm，荚果镰刀形，褐色，顶端有喙。每荚粒数7.9粒，籽粒长6.8mm、宽3.8mm，百粒重6.2g，籽粒长圆形、红色，脐环白色，种脐白色、边缘凸出、中间凹入。当地农民认为该品种耐贫瘠、不易煮烂、香味较浓，药食两用。
【优异特性与利用价值】籽粒红色。可煮粥、做馅，茎叶可作饲料，药食两用，也可作为育种材料利用。
【濒危状况及保护措施建议】建议扩大种植面积，妥善异位保存。

10 瑞安野毛豆

【学　名】Leguminosae（豆科）*Vigna*（豇豆属）*Vigna umbellata*（饭豆）。
【采集地】浙江省温州市瑞安市。

【主要特征特性】蔓生，7月2日播种，9月13日始花，10月21日采荚，中熟，无限结荚习性。株高220cm，茎粗3.8mm，主茎节数20.7节，幼茎紫色，主茎绿色，出苗期对生单叶披针形，三出复叶，心形或剑形。主茎分枝数3.3个。蝶形花，总状花序，腋生，花黄色。单株荚果数19.1个，荚果长110.6mm、宽5.2mm，荚果镰刀形，褐色，顶端有喙。每荚粒数10.0粒，籽粒长6.9mm、宽4.2mm，百粒重7.7g，籽粒长圆形、黄色，脐环白色，种脐白色、边缘凸出、中间凹入。当地农民认为该品种品质优。
【优异特性与利用价值】籽粒黄色。可煮粥、做馅，茎叶可作饲料，也可作为育种材料利用。
【濒危状况及保护措施建议】建议扩大种植面积，妥善异位保存。

11 绍兴野生赤豆

【学　名】Leguminosae（豆科）*Vigna*（豇豆属）*Vigna umbellata*（饭豆）。
【采集地】浙江省绍兴市上虞区。

【主要特征特性】蔓生，7月2日播种，9月5日始花，10月9日采荚，早熟，无限结荚习性。株高150cm，茎粗6.0mm，主茎节数16.7节，幼茎绿色，主茎绿色，出苗期对生单叶披针形，三出复叶，心形。主茎分枝数3个。蝶形花，总状花序，腋生，花黄色。单株荚果数12.8个，荚果长88.0mm、宽4.4mm，荚果镰刀形，褐色，顶端有喙。每荚粒数8.8粒，籽粒长6.1mm、宽3.5mm，百粒重4.9g，籽粒长圆形、红色，脐环白色，种脐白色、边缘凸出、中间凹入。当地农民认为该品种品质优，耐寒、耐热，豆粒小、煮粥香，具有清热解毒功效。
【优异特性与利用价值】籽粒红色，早熟。可煮粥、做馅、药用，茎叶可作饲料，也可作为育种材料利用。
【濒危状况及保护措施建议】建议扩大种植面积，妥善异位保存。

12 绍兴野生黄豆

【学　名】Leguminosae（豆科）*Vigna*（豇豆属）*Vigna umbellata*（饭豆）。
【采集地】浙江省绍兴市上虞区。

【主要特征特性】蔓生，7月2日播种，9月8日始花，9月30日采荚，早熟，无限结荚习性。株高217cm，茎粗6.9mm，主茎节数20.0节，幼茎绿色，主茎绿色，出苗期对生单叶披针形，三出复叶，心形或卵圆形。主茎分枝数4.7个。蝶形花，总状花序，腋生，花黄色。单株荚果数14.2个，荚果长94.4mm、宽5.6mm，荚果镰刀形，褐色，顶端有喙。每荚粒数9.0粒，籽粒长6.5mm、宽3.6mm，百粒重6.2g，籽粒长圆形、黄色和红色，脐环白色，种脐白色、边缘凸出、中间凹入。当地农民认为该品种品质优，耐寒、耐热，豆粒小、煮粥香，具有清热解毒功效。
【优异特性与利用价值】籽粒黄色和红色，早熟。可煮粥、做馅、药用，茎叶可作饲料，也可作为育种材料利用。
【濒危状况及保护措施建议】建议扩大种植面积，妥善异位保存。

13 桐乡野赤豆

【学　名】Leguminosae（豆科）*Vigna*（豇豆属）*Vigna umbellata*（饭豆）。

【采集地】浙江省嘉兴市桐乡市。

【主要特征特性】蔓生，7月5日播种，9月1日始花，10月中旬采收，早熟，无限结荚习性。株高316cm，茎粗8.0mm，幼茎绿色，出苗期对生单叶披针形，三出复叶，卵圆形。主茎分枝数8个。蝶形花，总状花序，腋生，花黄色。荚果长82.0～99.0mm、宽5.0～5.5mm，荚果镰刀形，褐色，顶端有喙。每荚粒数8.5粒，籽粒长6.5mm、宽4.1mm，百粒重7.2g，籽粒长圆形、红色，脐环白色，种脐白色、边缘凸出、中间凹入。当地农民认为该品种耐热、抗旱，可食用、保健药用及作为加工原料。

【优异特性与利用价值】籽粒红色。可煮粥、做馅，茎叶可作饲料，药食两用，也可作为育种材料利用。

【濒危状况及保护措施建议】建议扩大种植面积，妥善异位保存。

14 武义野生米赤豆

【学　名】Leguminosae（豆科）*Vigna*（豇豆属）*Vigna umbellata*（饭豆）。
【采集地】浙江省金华市武义县。

【主要特征特性】蔓生，7月2日播种，9月12日始花，10月9日采荚，早熟，无限结荚习性。株高237cm，茎粗7.4mm，主茎节数14.7节，幼茎绿色，主茎绿色，出苗期对生单叶披针形，三出复叶，卵圆形或心形。主茎分枝数3.7个。蝶形花，总状花序，腋生，花黄色。单株荚果数21.6个，荚果长98.8mm、宽4.8mm，荚果镰刀形，褐色，顶端有喙。每荚粒数8.2粒，籽粒长6.4mm、宽3.7mm，百粒重5.6g，籽粒长圆形、红色，脐环白色，种脐白色、边缘凸出、中间凹入。当地农民认为该品种品质优，抗旱、耐热、耐贫瘠。
【优异特性与利用价值】植株主茎长，籽粒红色，早熟。可煮粥、做馅，茎叶可作饲料，也可作为育种材料利用。
【濒危状况及保护措施建议】建议扩大种植面积，妥善异位保存。

15 野赤豆

【学　名】Leguminosae（豆科）*Vigna*（豇豆属）*Vigna umbellata*（饭豆）。
【采集地】浙江省宁波市宁海县。

【主要特征特性】蔓生，7月2日播种，9月11日始花，10月9日采荚，早熟，无限结荚习性。株高190cm，茎粗7.6mm，主茎节数13.7节，幼茎绿色，主茎绿色，出苗期对生单叶披针形，三出复叶，心形。主茎分枝数4.0个。蝶形花，总状花序，腋生，花黄色。单株荚果数28.7个，荚果长97.4mm、宽5.4mm，荚果镰刀形，褐色，顶端有喙。每荚粒数8.4粒，籽粒长6.1mm、宽3.6mm，百粒重5.5g，籽粒长圆形、红色，脐环白色，种脐白色、边缘凸出、中间凹入。当地农民认为该品种品质优。
【优异特性与利用价值】籽粒红色，早熟。可煮粥、做馅，茎叶可作饲料，也可作为育种材料利用。
【濒危状况及保护措施建议】建议扩大种植面积，妥善异位保存。

16 野红豆

【学　名】Leguminosae（豆科）*Vigna*（豇豆属）*Vigna umbellata*（饭豆）。
【采集地】浙江省金华市磐安县。

【主要特征特性】蔓生，7月2日播种，9月10日始花，10月9日采荚，早熟，无限结荚习性。株高150cm，茎粗8.0mm，主茎节数19.3节，幼茎绿色，主茎绿色，出苗期对生单叶披针形，三出复叶，心形。主茎分枝数4.3个。蝶形花，总状花序，腋生，花黄色。单株荚果数23.3个，荚果长98.0mm、宽4.8mm，荚果镰刀形，褐色，顶端有喙。每荚粒数8.4粒，籽粒长6.4mm、宽3.7mm，百粒重5.9g，籽粒长圆形、红色，脐环白色，种脐白色、边缘凸出、中间凹入。当地农民认为该品种抗旱。
【优异特性与利用价值】籽粒红色，早熟。可煮粥、做馅，茎叶可作饲料，也可作为育种材料利用。
【濒危状况及保护措施建议】建议扩大种植面积，妥善异位保存。

17 野生菜豆

【学 名】Leguminosae（豆科）*Vigna*（豇豆属）*Vigna umbellata*（饭豆）。

【采集地】浙江省金华市永康市。

【主要特征特性】蔓生，7月2日播种，9月5日始花，10月9日采荚，早熟，无限结荚习性。株高227cm，茎粗9.0mm，主茎节数20.7节，幼茎紫色，主茎绿色，出苗期对生单叶披针形，三出复叶，卵圆形。主茎分枝数7.0个。蝶形花，总状花序，腋生，花黄色。单株荚果数21.4个，荚果长90.2mm、宽4.8mm，荚果镰刀形，褐色，顶端有喙。每荚粒数9.0粒，籽粒长5.9mm、宽3.5mm，百粒重4.9g，籽粒长圆形、红色（少数黄色），脐环白色，种脐白色、边缘凸出、中间凹入。

【优异特性与利用价值】籽粒红色（少数黄色），早熟。可煮粥、做馅，茎叶可作饲料，也可作为育种材料利用。

【濒危状况及保护措施建议】建议扩大种植面积，妥善异位保存。

18 野生株株星

【学　名】Leguminosae（豆科）*Vigna*（豇豆属）*Vigna umbellata*（饭豆）。
【采集地】浙江省温州市瑞安市。

【主要特征特性】蔓生，7月2日播种，9月13日始花，10月9日采荚，早熟，无限结荚习性。株高200cm，茎粗5.8mm，主茎节数21.3节，幼茎紫色，主茎绿色，出苗期对生单叶披针形，三出复叶，心形。主茎分枝数3.3个。蝶形花，总状花序，腋生，花黄色。单株荚果数18.9个，荚果长88.4mm、宽5.4mm，荚果镰刀形，褐色，顶端有喙。每荚粒数8.2粒，籽粒长6.3mm、宽3.7mm，百粒重5.9g，籽粒长圆形、红色，脐环白色，种脐白色、边缘凸出、中间凹入。当地农民认为该品种抗旱、抗贫瘠。
【优异特性与利用价值】籽粒红色，早熟。可煮粥、做馅，茎叶可作饲料，也可作为育种材料利用。
【濒危状况及保护措施建议】建议扩大种植面积，妥善异位保存。

19 诸暨野生红豆

【学　名】Leguminosae（豆科）*Vigna*（豇豆属）*Vigna umbellata*（饭豆）。

【采集地】浙江省绍兴市诸暨市。

【主要特征特性】直立生长，7月2日播种，8月26日始花，9月30日采荚，早熟，无限结荚习性。株高70cm，茎粗8.2mm，主茎节数15.0节，幼茎绿色，主茎绿色，出苗期对生单叶披针形，三出复叶，卵圆形或剑形。主茎分枝数4.7个。蝶形花，总状花序，腋生，花黄色。单株荚果数58.5个，荚果长87.2mm、宽5.4mm，荚果镰刀形，褐色，顶端有喙。每荚粒数8.8粒，籽粒长5.6mm、宽3.3mm，百粒重4.1g，籽粒长圆形、红色和黄色，脐环白色，种脐白色、边缘凸出、中间凹入。

【优异特性与利用价值】籽粒红色和黄色、粒小，早熟。可煮粥、做馅，茎叶可作饲料，也可作为育种材料利用。

【濒危状况及保护措施建议】建议扩大种植面积，妥善异位保存。

第二节　农家品种

1 白粒羊角丝

【学　名】Leguminosae（豆科）*Vigna*（豇豆属）*Vigna umbellata*（饭豆）。
【采集地】浙江省金华市武义县。

【主要特征特性】蔓生，7月2日播种，9月10日始花，10月8日采荚，早熟，无限结荚习性。株高238cm，茎粗5.3mm，主茎节数31.7节，幼茎绿色，主茎绿色，出苗期对生单叶披针形，三出复叶，心形。主茎分枝数2.7个。蝶形花，总状花序，腋生，花黄色。单株荚果数60.7个，荚果长93.2mm、宽5.2mm，荚果镰刀形，褐色，顶端有喙。每荚粒数8.6粒，籽粒长6.6mm、宽3.4mm，百粒重5.6g，籽粒长圆形、黄色，脐环白色，种脐白色、边缘凸出、中间凹入。当地农民认为该品种可做粽子馅、赤豆粥，防风湿，有400年种植历史。
【优异特性与利用价值】籽粒黄色，早熟，种植历史悠久。可煮粥、做粽子馅，防风湿，茎叶可作饲料，也可作为育种材料。
【濒危状况及保护措施建议】建议扩大种植面积，妥善异位保存。

2 本细豆

【学　名】Leguminosae（豆科）*Vigna*（豇豆属）*Vigna umbellata*（饭豆）。
【采集地】浙江省绍兴市新昌县。

【主要特征特性】蔓生，7月5日播种，9月1日始花，10月15日采荚，早熟，无限结荚习性。株高125cm，茎粗8.3mm，幼茎紫色，主茎绿色，出苗期对生单叶披针形，三出复叶，心形。主茎分枝数8.3个。蝶形花，总状花序，腋生，花黄色。荚果长85.0～105.0mm、宽4.5～5.1mm，荚果镰刀形，褐色，顶端有喙。每荚粒数8.8粒，籽粒长6.6mm、宽3.7mm，百粒重6.1g，籽粒长圆形、红色，脐环白色，种脐白色、边缘凸出、中间凹入。当地农民认为该品种品质优，耐贫瘠。

【优异特性与利用价值】籽粒红色，种植历史悠久。可煮粥，茎叶可作饲料，也可作为育种材料利用。

【濒危状况及保护措施建议】建议扩大种植面积，妥善异位保存。

3 苍南赤小豆

【学　名】Leguminosae（豆科）*Vigna*（豇豆属）*Vigna umbellata*（饭豆）。
【采集地】浙江省温州市苍南县。

【主要特征特性】蔓生，7月2日播种，9月15日始花，10月21日采荚，晚熟，无限结荚习性。株高257cm，茎粗12.5mm，主茎节数15.7节，幼茎紫色，主茎绿色，出苗期对生单叶披针形，三出复叶，心形。主茎分枝数5.3个。蝶形花，总状花序，腋生，花黄色。单株荚果数19.5个，荚果长110.4mm、宽5.8mm，荚果镰刀形，褐色，顶端有喙。每荚粒数9.8粒，籽粒长7.3mm、宽4.1mm，百粒重8.6g，籽粒长圆形、红色，脐环白色，种脐白色、边缘凸出、中间凹入。当地农民用该品种做馅。

【优异特性与利用价值】籽粒红色。可煮粥、做馅，茎叶可作饲料，也可作为育种材料利用。

【濒危状况及保护措施建议】建议扩大种植面积，妥善异位保存。

4 苍南绿豆

【学　名】Leguminosae（豆科）*Vigna*（豇豆属）*Vigna umbellata*（饭豆）。

【采集地】浙江省温州市苍南县。

【主要特征特性】蔓生，7月2日播种，9月19日始花，10月21日采荚，晚熟，无限结荚习性。株高189cm，茎粗6.6mm，主茎节数21.7节，幼茎紫色，主茎绿色，出苗期对生单叶披针形，三出复叶，心形。主茎分枝数3.0个。蝶形花，总状花序，腋生，花黄色。单株荚果数33.4个，荚果长89.4mm、宽4.0mm，荚果镰刀形，褐色，顶端有喙。每荚粒数8.2粒，籽粒长5.9mm、宽3.4mm，百粒重4.9g，籽粒长圆形、黄色，脐环白色，种脐白色、边缘凸出、中间凹入。

【优异特性与利用价值】籽粒黄色。可煮粥，茎叶可作饲料，也可作为育种材料利用。

【濒危状况及保护措施建议】建议扩大种植面积，妥善异位保存。

5 大粒黄米赤

【学 名】Leguminosae（豆科）*Vigna*（豇豆属）*Vigna umbellata*（饭豆）。
【采集地】浙江省金华市浦江县。

【主要特征特性】蔓生，7月5日播种，9月21日始花，10月29日采荚，晚熟，无限结荚习性。株高273cm，茎粗3.7mm，幼茎紫色，主茎绿色，出苗期对生单叶披针形，三出复叶，心形。主茎分枝数3.7个。蝶形花，总状花序，腋生，花黄色。荚果长126.0mm、宽5.5mm，荚果镰刀形，褐色，顶端有喙。每荚粒数8.1粒，籽粒长8.4mm、宽4.3mm，百粒重9.9g，籽粒长圆形、黄色和褐色，脐环白色，种脐白色、边缘凸出、中间凹入。当地农民认为该品种品质优，耐贫瘠。
【优异特性与利用价值】籽粒黄色和褐色。可煮粥，茎叶可作饲料，也可作为育种材料利用。
【濒危状况及保护措施建议】种植少，建议扩大种植面积，妥善异位保存。

6 大粒羊角丝

【学　名】Leguminosae（豆科）*Vigna*（豇豆属）*Vigna umbellata*（饭豆）。
【采集地】浙江省金华市武义县。

【主要特征特性】蔓生，7月2日播种，9月15日始花，10月22日采荚，晚熟，无限结荚习性。株高267cm，茎粗9.0mm，主茎节数22.0节，幼茎紫色，主茎绿色，出苗期对生单叶披针形，三出复叶，心形。主茎分枝数4.7个。蝶形花，总状花序，腋生，花黄色。单株荚果数52.0个，荚果长117.8mm、宽5.8mm，荚果镰刀形，褐色，顶端有喙。每荚粒数9.2粒，籽粒长7.8mm、宽4.5mm，百粒重9.9g，籽粒长圆形、红色和黄色，脐环白色，种脐白色、边缘凸出、中间凹入。当地农民认为该品种种皮红色和黄色、粒大、长蔓、抗旱性强。

【优异特性与利用价值】籽粒红色。可煮粥、做馅、做菜，茎叶可作饲料，也可作为育种材料利用。

【濒危状况及保护措施建议】建议扩大种植面积，妥善异位保存。

7 大洋赤豆

【学　名】Leguminosae（豆科）*Vigna*（豇豆属）*Vigna umbellata*（饭豆）。
【采集地】浙江省杭州市建德市。

【主要特征特性】蔓生，7月2日播种，9月10日始花，10月9日采荚，早熟，无限结荚习性。株高134cm，茎粗9.3mm，主茎节数18.0节，幼茎紫色，主茎绿色，出苗期对生单叶披针形，三出复叶，卵圆形。主茎分枝数3.3个。蝶形花，总状花序，腋生，花黄色。单株荚果数88.6个，荚果长83.4mm、宽4.6mm，荚果镰刀形，褐色，顶端有喙。每荚粒数7.6粒，籽粒长5.7mm、宽3.3mm，百粒重4.3g，籽粒长圆形、红色，脐环白色，种脐白色、边缘凸出、中间凹入。当地农民用该品种做粽子和棒冰。
【优异特性与利用价值】早熟。可做粽子和棒冰，茎叶可作饲料，也可作为育种材料利用。
【濒危状况及保护措施建议】建议扩大种植面积，妥善异位保存。

8 奉化赤豆

【学　名】Leguminosae（豆科）*Vigna*（豇豆属）*Vigna umbellata*（饭豆）。
【采集地】浙江省宁波市奉化区。

【主要特征特性】蔓生，7月2日播种，9月10日始花，10月8日采荚，早熟，有限结荚习性。株高122cm，茎粗8.4mm，主茎节数19.3节，幼茎绿色，主茎绿色，出苗期对生单叶披针形，三出复叶，心形。主茎分枝数7.0个。蝶形花，总状花序，腋生，花黄色。单株荚果数64.0个，荚果长101.0mm、宽5.0mm，荚果镰刀形，褐色，顶端有喙。每荚粒数9.0粒，籽粒长6.3mm、宽3.7mm，百粒重5.9g，籽粒长圆形、红色，脐环白色，种脐白色、边缘凸出、中间凹入。当地农民认为该品种抗旱，可做红豆沙馅和赤豆汤，活血、去湿利尿。
【优异特性与利用价值】早熟，分枝多，株高较矮，单株产量和小区产量均高。可煮粥、做馅，具保健作用，茎叶可作饲料，也可作为育种材料利用。
【濒危状况及保护措施建议】建议扩大种植面积，妥善异位保存。

9 奉化小赤豆

【学　名】Leguminosae（豆科）*Vigna*（豇豆属）*Vigna umbellata*（饭豆）。
【采集地】浙江省宁波市奉化区。

【主要特征特性】蔓生，7月2日播种，9月13日始花，10月21日采荚，晚熟，无限结荚习性。株高254cm，茎粗12.0mm，幼茎紫色，主茎绿色，出苗期对生单叶披针形，三出复叶，剑形。主茎分枝数7个。蝶形花，总状花序，腋生，花黄色。单株荚果数51.4个，荚果长93.2mm、宽4.8mm，荚果镰刀形，褐色，顶端有喙。每荚粒数5.6粒，籽粒长7.1mm、宽4.1mm，百粒重8.1g，籽粒长圆形、黄色和红色，脐环白色，种脐白色、边缘凸出、中间凹入。当地农民认为该品种品质优，与大枣同煮补血。
【优异特性与利用价值】籽粒黄色和红色。该品种与大枣同吃具有补血作用，可煮粥、做馅，茎叶可作饲料，也可作为育种材料利用。
【濒危状况及保护措施建议】建议扩大种植面积，妥善异位保存。

10 黑花米赤

【学　名】Leguminosae（豆科）*Vigna*（豇豆属）*Vigna umbellata*（饭豆）。
【采集地】浙江省金华市浦江县。

【主要特征特性】蔓生，7月上旬播种，9月上旬始花，10月中旬采荚，中熟，无限结荚习性。株高265cm，茎粗5.7mm，幼茎紫色或绿色，主茎绿色，出苗期对生单叶披针形，三出复叶，心形或卵圆形。主茎分枝5.7个。蝶形花，总状花序，腋生，花黄色。荚果长96.0～110.0mm、宽4.0～5.0mm，荚果镰刀形，褐色，顶端有喙。每荚粒数9.0粒，籽粒长6.8mm、宽3.5mm，百粒重5.5g，籽粒长圆形、有花斑，脐环白色，种脐白色、边缘凸出、中间凹入。当地农民认为该品种品质优，抗旱、耐寒、耐热、耐涝、耐贫瘠，药食两用。

【优异特性与利用价值】籽粒有花斑，抗性强。可煮粥、做馅，茎叶可作饲料，药食两用，也可作为育种材料利用。

【濒危状况及保护措施建议】建议扩大种植面积，妥善异位保存。

11 红黄赤豆

【学　名】Leguminosae（豆科）*Vigna*（豇豆属）*Vigna umbellata*（饭豆）。
【采集地】浙江省杭州市富阳区。

【主要特征特性】蔓生，7月2日播种，9月10日始花，10月8日采荚，早熟，无限结荚习性。株高188cm，茎粗8.0mm，主茎节数20.7节，幼茎紫色，主茎绿色，出苗期对生单叶披针形，三出复叶，心形或卵圆形。主茎分枝数3.7个。蝶形花，总状花序，腋生，花黄色。单株荚果数40.1个，荚果长97.8mm、宽5.1mm，荚果镰刀形，褐色，顶端有喙。每荚粒数8.2粒，籽粒长6.3mm、宽3.5mm，百粒重5.5g，籽粒长圆形、红色和黄色，脐环白色，种脐白色、边缘凸出、中间凹入。当地农民认为该品种品质优，抗逆性强。
【优异特性与利用价值】籽粒红色和黄色，早熟。黄色饭豆煮粥、做馅，茎叶可作饲料，也可作为育种材料利用。
【濒危状况及保护措施建议】建议扩大种植面积，妥善异位保存。

12 红粒羊角丝

【学　名】Leguminosae（豆科）*Vigna*（豇豆属）*Vigna umbellata*（饭豆）。
【采集地】浙江省金华市武义县。

【主要特征特性】蔓生，7月2日播种，9月13日始花，10月21日采荚，晚熟，无限结荚习性。株高138cm，茎粗9.4mm，主茎节数20.7节，幼茎紫色，主茎绿色，出苗期对生单叶披针形，三出复叶，心形。主茎分枝数4.3个。蝶形花，总状花序，腋生，花黄色。单株荚果数54.1个，荚果长90.4mm、宽5.0mm，荚果镰刀形，褐色，顶端有喙。每荚粒数8.8粒，籽粒长6.1mm、宽3.7mm，百粒重5.8g，籽粒长圆形、红色，脐环白色，种脐白色、边缘凸出、中间凹入。当地农民认为该品种豆质粉糯、皮薄无渣，做粽子和煮赤豆粥用。

【优异特性与利用价值】籽粒红色，品质优，豆质粉糯、皮薄无渣。可煮粥、做粽子，茎叶可作饲料，也可作为育种材料利用。

【濒危状况及保护措施建议】建议扩大种植面积，妥善异位保存。

13 建德红豆

【学　名】Leguminosae（豆科）*Vigna*（豇豆属）*Vigna umbellata*（饭豆）。

【采集地】浙江省杭州市建德市。

【主要特征特性】蔓生，7月2日播种，9月21日始花，10月9日采荚，早熟，半有限结荚习性。株高146cm，茎粗9.0mm，主茎节数19.3节，幼茎紫色，主茎绿色，出苗期对生单叶披针形，三出复叶，卵圆形。主茎分枝数4.3个。蝶形花，总状花序，腋生，花黄色。单株荚果数38.4个，荚果长113.0mm、宽5.5mm，荚果镰刀形，褐色，顶端有喙。每荚粒数6.3粒，籽粒长6.5mm、宽3.6mm，百粒重5.6g，籽粒长圆形、红色，脐环白色，种脐白色、边缘凸出、中间凹入。当地农民主要是自家食用、市场出售和作饲料。

【优异特性与利用价值】早熟。可煮粥、做馅，茎叶可作饲料，也可作为育种材料利用。

【濒危状况及保护措施建议】建议扩大种植面积，妥善异位保存。

14 江山红赤豆

【学　名】Leguminosae（豆科）*Vigna*（豇豆属）*Vigna umbellata*（饭豆）。

【采集地】浙江省衢州市江山市。

【主要特征特性】蔓生，7月5日播种，9月9日始花，10月中旬采荚，早熟，无限结荚习性。株高276cm，茎粗4.7mm，幼茎紫色或绿色，主茎绿色，出苗期对生单叶披针形，三出复叶，卵圆形。主茎分枝数4.7个。蝶形花，总状花序，腋生，花黄色。荚果长100.0～120.0mm、宽5.1～5.9mm，荚果镰刀形，褐色，顶端有喙。每荚粒数9.4粒，籽粒长7.0mm、宽3.7mm，百粒重10.1g，籽粒长圆形、褐色，脐环白色，种脐白色、边缘凸出、中间凹入。当地农民认为该品种耐热，可食用和保健药用。

【优异特性与利用价值】籽粒红色、粒大，早熟。可煮粥、做馅，茎叶可作饲料，也可作为育种材料利用。

【濒危状况及保护措施建议】建议扩大种植面积，妥善异位保存。

15 开化米赤豆

【学 名】Leguminosae（豆科）*Vigna*（豇豆属）*Vigna umbellata*（饭豆）。
【采集地】浙江省衢州市开化县。

【主要特征特性】蔓生，7月5日播种，9月4日始花，10月上旬采荚，早熟，无限结荚习性。株高114cm，茎粗6.0mm，幼茎绿色，主茎绿色，出苗期对生单叶披针形，三出复叶，卵圆形或剑形。主茎分枝数6.0个。蝶形花，总状花序，腋生，花黄色。荚果长75.0～88.0mm、宽4.1～4.8mm，荚果镰刀形，褐色，顶端有喙。每荚粒数7.7粒，籽粒长6.2mm、宽3.5mm，百粒重4.9g，籽粒长圆形、黄色，脐环白色，种脐白色、边缘凸出、中间凹入。当地农民认为该品种品质优，抗旱、耐寒、耐热、耐涝、耐贫瘠，药食两用。
【优异特性与利用价值】籽粒黄色，早熟。可煮粥、做馅，茎叶可作饲料，也可作为育种材料利用。
【濒危状况及保护措施建议】建议扩大种植面积，妥善异位保存。

16 凉须豆

【学　名】Leguminosae（豆科）*Vigna*（豇豆属）*Vigna umbellata*（饭豆）。
【采集地】浙江省丽水市景宁县。

【主要特征特性】生长习性受播期和气候环境影响，蔓生或直立生长，植株繁茂，5月中旬播种或7月2日播种，10月21日始花，11月25日采荚，晚熟，无限结荚习性。株高200cm，幼茎紫色，主茎绿色，出苗期对生单叶披针形，三出复叶，卵圆形或心形。蝶形花，总状花序，腋生，花黄色。荚果镰刀形，褐色，顶端有喙。籽粒长7.1mm、宽4.5mm，百粒重8.8g，籽粒长圆形、黄色，脐环白色，种脐白色、边缘凸出、中间凹入。当地农民认为该品种亩产80.0～120.0kg（1亩≈666.7m^2，后文同）。该品种对光反应敏感，全生育期长，杭州5月播种不能正常成熟，植株生长繁茂，蔓生。
【优异特性与利用价值】对光敏感，籽粒黄色，晚熟。可煮粥、做馅，茎叶可作饲料，也可作为育种材料利用。
【濒危状况及保护措施建议】建议扩大种植面积，妥善异位保存。

17 凉须豆红

【学　名】Leguminosae（豆科）*Vigna*（豇豆属）*Vigna umbellata*（饭豆）。
【采集地】浙江省丽水市景宁县。

【主要特征特性】蔓生，7月2日播种，9月10日始花，10月21日采荚，晚熟，无限结荚习性。株高207cm，茎粗7.1mm，主茎节数16.0节，幼茎浅紫色，主茎绿色，出苗期对生单叶披针形，三出复叶，心形或卵圆形。主茎分枝数5.3个。蝶形花，总状花序，腋生，花黄色。单株荚果数24.5个，荚果长133.6mm、宽6.0mm，荚果镰刀形，褐色，顶端有喙。每荚粒数9.0粒，籽粒长8.2mm、宽4.8mm，百粒重11.1g，籽粒长圆形、红色，脐环白色，种脐白色、边缘凸出、中间凹入。
【优异特性与利用价值】籽粒红色、较大。可煮粥、做馅，茎叶可作饲料，也可作为育种材料利用。
【濒危状况及保护措施建议】建议扩大种植面积，妥善异位保存。

18 龙泉饭豆

【学　名】Leguminosae（豆科）*Vigna*（豇豆属）*Vigna umbellata*（饭豆）。
【采集地】浙江省丽水市龙泉市。

【主要特征特性】蔓生，7月2日播种，9月15日始花，10月22日采荚，晚熟，无限结荚习性。株高237cm，茎粗7.7mm，主茎节数21.0节，幼茎绿色，主茎绿色，出苗期对生单叶披针形，三出复叶，心形或卵圆形。主茎分枝数3.3个。蝶形花，总状花序，腋生，花黄色。单株荚果数29.0个，荚果长116.0mm、宽5.6mm，荚果镰刀形，褐色，顶端有喙。每荚粒数7.0粒，籽粒长7.3mm、宽4.2mm，百粒重8.3g，籽粒长圆形、红色，脐环白色，种脐白色、边缘凸出、中间凹入。当地农民认为该品种可食用和保健药用。
【优异特性与利用价值】籽粒红色。可煮粥、做馅，茎叶可作饲料，也可作为育种材料利用。
【濒危状况及保护措施建议】建议扩大种植面积，妥善异位保存。

19 蔓生小粒赤豆

【学　名】Leguminosae（豆科）*Vigna*（豇豆属）*Vigna umbellata*（饭豆）。
【采集地】浙江省杭州市淳安县。

【主要特征特性】蔓生，7月2日播种，9月1日始花，10月9日采荚，早熟，无限结荚习性。株高172cm，茎粗7.4mm，主茎节数24.0节，幼茎紫色，主茎绿色，出苗期对生单叶披针形，三出复叶，卵圆形。主茎分枝数3.0个。蝶形花，总状花序，腋生，花黄色。单株荚果数24.9个，荚果长108.0mm、宽5.2mm，荚果镰刀形，褐色，顶端有喙。每荚粒数9.0粒，籽粒长6.6mm、宽3.7mm，百粒重6.2g，籽粒长圆形、红色，脐环白色，种脐白色、边缘凸出、中间凹入。
【优异特性与利用价值】籽粒红色，早熟。可煮粥、做馅，茎叶可作饲料，也可作为育种材料利用。
【濒危状况及保护措施建议】建议扩大种植面积，妥善异位保存。

20 浦江红米赤

【学　名】Leguminosae（豆科）*Vigna*（豇豆属）*Vigna umbellata*（饭豆）。
【采集地】浙江省金华市浦江县。

【主要特征特性】蔓生，7月2日播种，9月8日始花，10月9日采荚，早熟，无限结荚习性。株高150cm，茎粗8.0mm，主茎节数19.3节，幼茎紫色，主茎绿色，出苗期对生单叶披针形，三出复叶，心形。主茎分枝数4.3个。蝶形花，总状花序，腋生，花黄色。单株荚果数18.7个，荚果长88.6mm、宽4.6mm，荚果镰刀形，褐色，顶端有喙。每荚粒数8.6粒，籽粒长6.4mm、宽3.8mm，百粒重5.9g，籽粒长圆形、红色，脐环白色，种脐白色、边缘凸出、中间凹入。当地农民认为该品种品质优，耐贫瘠。
【优异特性与利用价值】籽粒红色，早熟。可煮粥、做馅，茎叶可作饲料，也可作为育种材料利用。
【濒危状况及保护措施建议】建议扩大种植面积，妥善异位保存。

21 浦江黄米豆

【学　名】Leguminosae（豆科）*Vigna*（豇豆属）*Vigna umbellata*（饭豆）。
【采集地】浙江省金华市浦江县。

【主要特征特性】蔓生，7月5日播种，9月10日始花，10月15日采荚，早熟，无限结荚习性。株高288cm，茎粗6.7mm，幼茎紫色和绿色，出苗期对生单叶披针形，三出复叶，心形或卵圆形。主茎分枝数6.7个。蝶形花，总状花序，腋生，花黄色。荚果长94.0～102.0mm、宽4.7～5.5mm，荚果镰刀形，褐色，顶端有喙。每荚粒数9.1粒，籽粒长6.8mm、宽3.6mm，百粒重6.5g，籽粒长圆形、黄色和有花斑，脐环白色，种脐白色、边缘凸出、中间凹入。
【优异特性与利用价值】籽粒黄色和有花斑。可煮粥、做馅，茎叶可作饲料，药食两用，也可作为育种材料利用。
【濒危状况及保护措施建议】建议扩大种植面积，妥善异位保存。

22 青斑小豆

【学　名】Leguminosae（豆科）*Vigna*（豇豆属）*Vigna umbellata*（饭豆）。
【采集地】浙江省丽水市松阳县。

【主要特征特性】蔓生，7月2日播种，9月15日始花，10月1日采荚，早熟，无限结荚习性。株高223cm，茎粗7.7mm，主茎节数24.0节，幼茎紫色，主茎绿色，出苗期对生单叶披针形，三出复叶，卵圆形或心形。主茎分枝数3.7个。蝶形花，总状花序，腋生，花黄色。荚果镰刀形，褐色，顶端有喙。荚果长132.8mm、宽6.5mm。每荚粒数7.8粒，籽粒长7.3mm、宽4.4mm，百粒重9.0g，籽粒长圆形、有花斑和黄色，脐环白色，种脐白色、边缘凸出、中间凹入。当地农民认为该品种耐贫瘠。

【优异特性与利用价值】籽粒有花斑和黄色，早熟。可煮粥、做馅，茎叶可作饲料，也可作为育种材料利用。

【濒危状况及保护措施建议】建议扩大种植面积，妥善异位保存。

23 庆元米赤豆

【学 名】Leguminosae（豆科）*Vigna*（豇豆属）*Vigna umbellata*（饭豆）。
【采集地】浙江省丽水市庆元县。

【主要特征特性】蔓生，7月2日播种，9月13日始花，10月17日采荚，中熟，无限结荚习性。株高225cm，茎粗7.2mm，主茎节数24.0节，幼茎浅紫色，主茎绿色，出苗期对生单叶披针形，三出复叶，卵圆或心形。主茎分枝数4.3个。蝶形花，总状花序，腋生，花黄色。单株荚果数57.6个，荚果长98.8mm、宽5.0mm，荚果镰刀形，褐色，顶端有喙。每荚粒数7.8粒，籽粒长6.6mm、宽3.8mm，百粒重6.1g，籽粒长圆形、黄色，脐环白色，种脐白色、边缘凸出、中间凹入。当地农民认为该品种品质优，耐贫瘠。
【优异特性与利用价值】籽粒黄色。可煮粥、做馅，茎叶可作饲料，也可作为育种材料利用。
【濒危状况及保护措施建议】建议扩大种植面积，妥善异位保存。

24 衢江红豆

【学　名】Leguminosae（豆科）*Vigna*（豇豆属）*Vigna umbellata*（饭豆）。
【采集地】浙江省衢州市衢江区。

【主要特征特性】蔓生，7月2日播种，9月14日始花，10月21日采荚，中熟，无限结荚习性。株高207cm，茎粗7.5mm，主茎节数14.7节，幼茎紫色，主茎绿色，出苗期对生单叶披针形，三出复叶，卵圆形。主茎分枝数5.0个。蝶形花，总状花序，腋生，花黄色。单株荚果数39.5个，荚果长106.0mm、宽4.8mm，荚果镰刀形，褐色，顶端有喙。每荚粒数8.2粒，籽粒长7.3mm、宽4.2mm，百粒重8.6g，籽粒长圆形、红色，脐环白色，种脐白色、边缘凸出、中间凹入。
【优异特性与利用价值】籽粒红色。可煮粥、做馅，茎叶可作饲料，也可作为育种材料利用。
【濒危状况及保护措施建议】建议扩大种植面积，妥善异位保存。

25 衢江小赤豆

【学　名】Leguminosae（豆科）*Vigna*（豇豆属）*Vigna umbellata*（饭豆）。
【采集地】浙江省衢州市衢江区。

【主要特征特性】蔓生，7月2日播种，9月7日始花，9月30日采荚，早熟，无限结荚习性。株高136cm，茎粗8.9mm，主茎节数24.7节，幼茎紫色，主茎绿色，出苗期对生单叶披针形，三出复叶，卵圆或心形。主茎分枝数8.7个。蝶形花，总状花序，腋生，花黄色。荚果长86.2mm、宽4.6mm，荚果镰刀形，褐色，顶端有喙。每荚粒数8.2粒，籽粒长5.4mm、宽3.0mm，百粒重3.5g，籽粒长圆形、红色，脐环白色，种脐白色、边缘凸出、中间凹入。
【优异特性与利用价值】籽粒红色、较小，早熟。可煮粥、做馅，茎叶可作饲料，也可作为育种材料利用。
【濒危状况及保护措施建议】建议扩大种植面积，妥善异位保存。

26 上架饭豆

【学　名】Leguminosae（豆科）*Vigna*（豇豆属）*Vigna umbellata*（饭豆）。
【采集地】浙江省丽水市遂昌县。

【主要特征特性】蔓生，7月2日播种，9月13日始花，10月21日采荚，中熟，无限结荚习性。株高198cm，茎粗8.1mm，主茎节数22.7节，幼茎紫色，主茎绿色，出苗期对生单叶披针形，三出复叶，卵圆形或剑形。主茎分枝数2.7个。蝶形花，总状花序，腋生，花黄色。单株荚果数17.4个，荚果长83.2mm、宽5.0mm，荚果镰刀形，褐色，顶端有喙。每荚粒数10.0粒，籽粒长8.5mm、宽4.8mm，百粒重12.1g，籽粒长圆形、黄色，脐环白色，种脐白色、边缘凸出、中间凹入。当地农民认为该品种耐热、耐贫瘠。
【优异特性与利用价值】籽粒黄色、粒大。可煮粥、做馅，茎叶可作饲料，也可作为育种材料利用。
【濒危状况及保护措施建议】建议扩大种植面积，妥善异位保存。

27 天台米赤

【学　名】Leguminosae（豆科）*Vigna*（豇豆属）*Vigna umbellata*（饭豆）。
【采集地】浙江省台州市天台县。

【主要特征特性】蔓生，7月2日播种，9月10日始花，10月9日采荚，早熟，无限结荚习性。株高215cm，茎粗6.8mm，主茎节数19.3节，幼茎绿色，主茎绿色，出苗期对生单叶披针形，三出复叶，卵圆形或剑形。主茎分枝数3.3个。蝶形花，总状花序，腋生，花黄色。单株荚果数17.0个，荚果长104.8mm、宽5.2mm，荚果镰刀形，褐色，顶端有喙。每荚粒数9.8粒，籽粒长6.1mm、宽3.5mm，百粒重7.7g，籽粒长圆形、红色，脐环白色，种脐白色、边缘凸出、中间凹入。当地农民认为该品种品质优。
【优异特性与利用价值】籽粒红色，早熟。可煮粥、做馅，茎叶可作饲料，也可作为育种材料利用。
【濒危状况及保护措施建议】建议扩大种植面积，妥善异位保存。

28 桐乡黑皮小豆

【学　名】Leguminosae（豆科）*Vigna*（豇豆属）*Vigna umbellata*（饭豆）。
【采集地】浙江省嘉兴市桐乡市。

【主要特征特性】蔓生，7月2日播种，9月10日始花，10月8日采荚，早熟，无限结荚习性。株高195cm，茎粗7.6mm，主茎节数20.7节，幼茎绿色，主茎绿色，出苗期对生单叶披针形，三出复叶，卵圆形或心形。主茎分枝数4.7个。蝶形花，总状花序，腋生，花黄色。单株荚果数54.8个，荚果长94.0mm、宽5.4mm，荚果镰刀形，褐色，顶端有喙。每荚粒数7.4粒，籽粒长6.4mm、宽3.9mm，百粒重6.3g，籽粒长圆形、紫黑色，脐环白色，种脐白色、边缘凸出、中间凹入。当地农民认为该品种香味好、抗旱、耐贫瘠，黑皮小豆可作为赤豆糯米饭的原料。
【优异特性与利用价值】籽粒紫黑色，早熟。可煮粥、做馅，茎叶可作饲料，也可作为育种资源。
【濒危状况及保护措施建议】建议扩大种植面积，妥善异位保存。

29 吴兴小赤黄豆

【学　名】Leguminosae（豆科）*Vigna*（豇豆属）*Vigna umbellata*（饭豆）。
【采集地】浙江省湖州市吴兴区。

【主要特征特性】蔓生，7月2日播种，9月9日始花，9月30日采荚，早熟，无限结荚习性。株高220cm，茎粗7.5mm，主茎节数14.7节，幼茎绿色，主茎绿色，出苗期对生单叶披针形，三出复叶，卵圆形或心形。主茎分枝数2.0个。蝶形花，总状花序，腋生，花黄色。单株荚果数30.2个，荚果长97.4mm、宽4.8mm，荚果镰刀形，褐色，顶端有喙。每荚粒数8.8粒，籽粒长6.3mm、宽3.8mm，百粒重5.9g，籽粒长圆形、红色，脐环白色，种脐白色、边缘凸出、中间凹入。当地农民认为该品种品质优。
【优异特性与利用价值】籽粒红色，早熟。可煮粥、做馅，茎叶可作饲料，也可作为育种材料利用。
【濒危状况及保护措施建议】建议扩大种植面积，妥善异位保存。

30 武义羊角希

【学　名】Leguminosae（豆科）*Vigna*（豇豆属）*Vigna umbellata*（饭豆）。
【采集地】浙江省金华市武义县。

【主要特征特性】直立生长，7月2日播种，9月12日始花，10月9日采荚，早熟，有限结荚习性。株高57cm，茎粗5.6mm，主茎节数11.3节，幼茎绿色，主茎绿色，出苗期对生单叶披针形，三出复叶，心形。主茎分枝数2.0个。蝶形花，总状花序，腋生，花黄色。单株荚果数29.9个，荚果长90.4mm、宽4.6mm，荚果镰刀形，褐色，顶端有喙。每荚粒数9.4粒，籽粒长5.7mm、宽3.3mm，百粒重4.1g，籽粒长圆形、红色，脐环白色，种脐白色、边缘凸出、中间凹入。当地农民认为该品种品质优，抗旱、耐贫瘠，具有保健作用。

【优异特性与利用价值】植株矮，直立生长，有限结荚习性，籽粒红色、较小。可煮粥、做馅，茎叶可作饲料，也可作为育种材料利用。

【濒危状况及保护措施建议】建议扩大种植面积，妥善异位保存。

31 下涯赤豆

【学　名】Leguminosae（豆科）*Vigna*（豇豆属）*Vigna umbellata*（饭豆）。
【采集地】浙江省杭州市建德市。

【主要特征特性】蔓生，7月2日播种，9月1日始花，10月9日采荚，早熟，无限结荚习性。株高197cm，茎粗8.7mm，主茎节数19.3节，幼茎紫色，主茎绿色，出苗期对生单叶披针形，三出复叶，卵圆形。主茎分枝数5.0个。蝶形花，总状花序，腋生，花黄色。单株荚果数121.2个，荚果长95.0mm、宽5.0mm，荚果镰刀形，褐色，顶端有喙。每荚粒数7.8粒，籽粒长5.8mm、宽3.3mm，百粒重4.3g，籽粒长圆形、黄色和红色，脐环白色，种脐白色、边缘凸出、中间凹入。当地农民自家食用、市场出售、饲料用、药用、观赏用。
【优异特性与利用价值】早熟，采荚期长，适应性强。可煮粥、做馅，茎叶可作饲料，也可作为育种材料利用。
【濒危状况及保护措施建议】种植很少，建议扩大种植面积，妥善异位保存。

32 仙居米赤

【学　名】Leguminosae（豆科）*Vigna*（豇豆属）*Vigna umbellata*（饭豆）。
【采集地】浙江省台州市仙居县。

【主要特征特性】蔓生，7月2日播种，9月15日始花，10月21日采荚，晚熟，无限结荚习性。株高252cm，茎粗9.1mm，主茎节数15.7节，幼茎紫色，主茎绿色，出苗期对生单叶披针形，三出复叶，剑形或心形。主茎分枝数4.3个。蝶形花，总状花序，腋生，花黄色。单株荚果数38.2个，荚果长107.4mm、宽5.0mm，荚果镰刀形，褐色，顶端有喙。每荚粒数9.8粒，籽粒长6.8mm、宽4.0mm，百粒重6.9g，籽粒长圆形、红色和黄色，脐环白色，种脐白色、边缘凸出、中间凹入。当地农民认为该品种稍粉，包粽子做馅料不磨粉。

【优异特性与利用价值】籽粒红色和黄色。可煮粥、做粽子馅，茎叶可作饲料，也可作为育种材料利用。

【濒危状况及保护措施建议】建议扩大种植面积，妥善异位保存。

33 仙居米赤绿

【学 名】Leguminosae（豆科）*Vigna*（豇豆属）*Vigna umbellata*（饭豆）。
【采集地】浙江省台州市仙居县。

【主要特征特性】蔓生，7月2日播种，9月15日始花，10月21日采荚，晚熟，无限结荚习性。株高247cm，茎粗8.7mm，主茎节数20.7节，幼茎紫色，主茎绿色，出苗期对生单叶披针形，三出复叶，卵圆形。主茎分枝数5.3个。蝶形花，总状花序，腋生，花黄色。荚果长106.4mm、宽5.0mm，荚果镰刀形，褐色，顶端有喙。每荚粒数9.8粒，籽粒长6.4mm、宽3.8mm，百粒重6.2g，籽粒长圆形、黄色和红色，脐环白色，种脐白色、边缘凸出、中间凹入。当地农民认为该品种稍粉。
【优异特性与利用价值】籽粒黄色和红色。可煮粥、做馅，茎叶可作饲料，也可作为育种材料利用。
【濒危状况及保护措施建议】建议扩大种植面积，妥善异位保存。

34 小赤豆红

【学　名】Leguminosae（豆科）*Vigna*（豇豆属）*Vigna umbellata*（饭豆）。
【采集地】浙江省宁波市奉化区。

【主要特征特性】蔓生，7月2日播种，9月15日始花，10月21日采荚，晚熟，无限结荚习性。株高253cm，茎粗10.0mm，主茎节数26.3节，幼茎紫色，主茎绿色，出苗期对生单叶披针形，三出复叶，心形。主茎分枝数4.7个。蝶形花，总状花序，腋生，花黄色。单株荚果数73.9个，荚果长102.6mm、宽5.6mm，荚果镰刀形，褐色，顶端有喙。每荚粒数8.2粒，籽粒长6.5mm、宽4.0mm，百粒重6.9g，籽粒长圆形、红色，脐环白色，种脐白色、边缘凸出、中间凹入。当地农民认为该品种与红枣同蒸吃后补血。
【优异特性与利用价值】籽粒红色。可煮粥、做馅，茎叶可作饲料，也可作为育种材料利用。
【濒危状况及保护措施建议】建议扩大种植面积，妥善异位保存。

35 贼小豆

【学 名】Leguminosae（豆科）*Vigna*（豇豆属）*Vigna umbellata*（饭豆）。
【采集地】浙江省金华市义乌市。

【主要特征特性】蔓生，7月2日播种，9月8日始花，10月9日采荚，早熟，无限结荚习性。株高188cm，茎粗6.1mm，主茎节数22.7节，幼茎紫色，主茎绿色，出苗期对生单叶披针形，三出复叶，心形或卵圆形。主茎分枝数3.3个。蝶形花，总状花序，腋生，花黄色。单株荚果数29.0个，荚果长102.2mm、宽5.0mm，荚果镰刀形，褐色，顶端有喙。每荚粒数8.2粒，籽粒长6.5mm、宽3.7mm，百粒重5.8g，籽粒长圆形、黄色和红色，脐环白色，种脐白色、边缘凸出、中间凹入。当地农民认为该品种抗旱、耐寒、耐热、耐贫瘠。
【优异特性与利用价值】籽粒黄色和红色，早熟。可煮粥、做馅，茎叶可作饲料，也可作为育种材料利用。
【濒危状况及保护措施建议】建议扩大种植面积，妥善异位保存。

36 诸暨白米赤

【学　名】Leguminosae（豆科）*Vigna*（豇豆属）*Vigna umbellata*（饭豆）。
【采集地】浙江省绍兴市诸暨市。

【主要特征特性】蔓生，7月2日播种，9月10日始花，10月8日采荚，早熟，无限结荚习性。株高140cm，茎粗7.3mm，主茎节数20.3节，幼茎绿色，主茎绿色，出苗期对生单叶披针形，三出复叶，卵圆形。主茎分枝数5.0个。蝶形花，总状花序，腋生，花黄色。单株荚果数71.5个，荚果长100.0mm、宽4.2mm，荚果镰刀形，褐色，顶端有喙。每荚粒数8.2粒，籽粒长6.1mm、宽3.3mm，百粒重4.4g，籽粒长圆形、黄色，脐环白色，种脐白色、边缘凸出、中间凹入。

【优异特性与利用价值】籽粒黄色、粒小，早熟。可煮粥、做馅，茎叶可作饲料，也可作为育种材料利用。

【濒危状况及保护措施建议】建议扩大种植面积，妥善异位保存。

37 紫米赤

【学　名】Leguminosae（豆科）*Vigna*（豇豆属）*Vigna umbellata*（饭豆）。
【采集地】浙江省金华市浦江县。

【主要特征特性】半蔓生，7月2日播种，8月26日始花，9月30日采荚，早熟，无限结荚习性。株高90cm，茎粗7.2mm，主茎节数20.3节，幼茎绿色，主茎绿色，出苗期对生单叶披针形，三出复叶，卵圆形或剑形。主茎分枝数4.3个。蝶形花，总状花序，腋生，花黄色。单株荚果数13.3个，荚果长90.6mm、宽4.4mm，荚果镰刀形，褐色，顶端有喙。每荚粒数8.0粒，籽粒长5.6mm、宽3.3mm，百粒重4.3g，籽粒长圆形、有紫黑斑纹，脐环白色，种脐白色、边缘凸出、中间凹入。当地农民认为该品种品质优，耐贫瘠。
【优异特性与利用价值】籽粒有花纹、粒小，早熟。可煮粥、做馅，茎叶可作饲料，也可作为育种材料利用。
【濒危状况及保护措施建议】建议扩大种植面积，妥善异位保存。

第五章

浙江省扁豆种质资源

1 白豆蔻

【学　名】Leguminosae（豆科）*Lablab*（扁豆属）*Lablab purpureus*（扁豆）。
【采集地】浙江省衢州市江山市。

【主要特征特性】缠绕藤本，无限结荚习性，茎长达数米，结荚期6～12月。主茎分枝数2.7个，鲜茎绿色、较粗，茎粗11.4mm。总状多花花序，蝶形花，花序梗较长，花白色，旗瓣、翼瓣白色。单株荚果（成熟荚）数123个，荚果长7.2cm，中部最宽处1.9cm，眉形，向基部和顶端渐狭，荚色不均匀绿，背脊线和腹线绿色。每荚粒数3.7粒，籽粒长10.7mm、宽8.8mm，百粒重41.0g，籽粒近圆形、白色。当地农民认为该品种品质优，耐热。

【优异特性与利用价值】白花，白粒，嫩荚纤维化早，耐热。籽粒可药用，可作为育种材料，也可用于开发功能食品。

【濒危状况及保护措施建议】白豆蔻是药食两用的作物资源，该材料在当地少量种植，建议扩大种植面积，妥善异位保存。

2 白皮扁豆

【学　名】Leguminosae（豆科）*Lablab*（扁豆属）*Lablab purpureus*（扁豆）。

【采集地】浙江省嘉兴市平湖市。

【主要特征特性】缠绕藤本，无限结荚习性，茎长达数米，结荚期6～12月。主茎分枝数3.0个，鲜茎绿色、较细，茎粗8.4mm。蝶形花，总状多花花序，长花序梗，花红色，旗瓣、翼瓣红色。单株荚果（成熟荚）数19个，荚果长9.0cm，中部最宽处2.7cm，月牙形，向基部和顶端渐狭，荚色浅绿，背脊线和腹线绿色。每荚粒数4.7粒，籽粒长12.6mm、宽9.2mm，百粒重45.2g，籽粒椭圆形、黑色。当地农民通常以嫩荚作蔬菜食用。

【优异特性与利用价值】早熟，荚浅绿色，籽粒黑色。嫩荚和嫩豆作蔬菜食用，也可作为育种材料。

【濒危状况及保护措施建议】该材料在当地少量种植，建议扩大种植面积，妥善异位保存。

3 苍南白扁豆

【学　名】Leguminosae（豆科）*Lablab*（扁豆属）*Lablab purpureus*（扁豆）。
【采集地】浙江省温州市苍南县。

【主要特征特性】缠绕藤本，无限结荚习性，茎长达数米，结荚期6～12月。主茎分枝数6.7个，鲜茎绿色、粗壮，茎粗14.2mm。蝶形花，总状多花花序，长花序梗，花白色，旗瓣、翼瓣白色。叶片绿色，叶脉绿色。单株荚果（成熟荚）数226个，荚果长11.4cm，中部最宽处8.7cm，扁平，柳叶形，稍微向背弯曲，基部和顶端渐狭，荚色绿，背脊线和腹线绿色，秋季结荚量大。每荚粒数4.2粒，籽粒长11.4mm、宽8.7mm，百粒重38.9g，籽粒卵圆形、红褐色。当地农民通常以嫩荚食用，亩产2000～2500kg。
【优异特性与利用价值】花白色，荚绿色、柳叶形，秋季转凉时结荚多。嫩荚和嫩豆作蔬菜食用，也可作为育种材料。
【濒危状况及保护措施建议】该材料在当地少量种植，建议扩大种植面积，妥善异位保存。

4 苍南扁豆

【学　名】Leguminosae（豆科）*Lablab*（扁豆属）*Lablab purpureus*（扁豆）。
【采集地】浙江省温州市苍南县。

【主要特征特性】缠绕藤本，无限结荚习性，茎长达数米，结荚期7～12月。主茎分枝数9.0个，鲜茎紫色、较粗，茎粗12.1mm。蝶形花，总状多花花序，花紫色，旗瓣、翼瓣紫色。叶片绿色，叶脉紫色。单株荚果（成熟荚）数171个，荚果长7.8cm，中部最宽处2.0cm，扁平，眉形，向背弯曲，基部和顶端渐狭，荚色紫红，背脊线和腹线紫红色。每荚粒数4.2粒，籽粒长10.6mm、宽8.9mm，百粒重42.4g，籽粒近圆形、黑色或褐色带花斑，种脐线形，长占籽粒周长的2/5。当地农民认为该品种耐旱性比较好，吃嫩荚或晒干食用，亩产1000～1200kg。
【优异特性与利用价值】荚紫红色、比较厚。嫩荚和嫩豆作蔬菜食用。
【濒危状况及保护措施建议】该材料在当地少量种植，建议扩大种植面积，妥善异位保存。

5 淳安白扁节

【学　名】Leguminosae（豆科）*Lablab*（扁豆属）*Lablab purpureus*（扁豆）。
【采集地】浙江省杭州市淳安县。

【主要特征特性】缠绕藤本，无限结荚习性，茎长达数米，结荚期6～12月。主茎分枝数4.7个，鲜茎绿色、较粗，茎粗10.7mm。羽状复叶具3小叶，托叶披针形，小叶宽三角状卵形、宽与长相等，侧生小叶两边不等大、偏斜，叶脉绿色。蝶形花，总状多花花序，长花序梗，花红色，旗瓣、翼瓣红色。单株荚果（成熟荚）数57个，荚果长9.2cm，近顶端最宽处2.5cm，扁平，月牙形，稍向背弯曲，顶端有弯曲的尖喙，基部渐狭，荚色浅绿，背脊线和腹线紫色。每荚粒数3.0～5.0粒，籽粒长12.8mm、宽9.0mm，百粒重44.5g，籽粒扁平、椭圆形、黑色带花斑。当地农民认为该品种品质优，切片炒吃，容易老，纤维多，药食两用。
【优异特性与利用价值】早熟，采荚期长，适应性强。嫩荚作蔬菜食用，籽粒药用，也可作为育种材料。
【濒危状况及保护措施建议】该材料在当地少量种植，建议扩大种植面积，妥善异位保存。

6 淳安白花扁节

【学 名】Leguminosae（豆科）*Lablab*（扁豆属）*Lablab purpureus*（扁豆）。
【采集地】浙江省杭州市淳安县。

【主要特征特性】缠绕藤本，无限结荚习性，茎长达数米，结荚期7～12月。主茎分枝数5.3个，鲜茎绿色、粗壮，茎粗12.9mm。叶片绿色，叶脉绿色。蝶形花，总状多花花序，长花序梗，花白色，旗瓣、翼瓣白色。单株荚果（成熟荚）数35个，荚果长12.6cm，近顶端最宽处1.9cm，条形，豆荚弯，中部鼓，中间粗，顶端和基部细，荚色绿，背脊线和腹线绿色。每荚粒数4.3粒，籽粒长14.2mm、宽8.7mm，百粒重53.3g，籽粒圆柱形，一端粗，一端细，红褐色，种脐白色。当地农民认为该品种适应性较广。
【优异特性与利用价值】结荚迟，结荚多，适应性强。嫩荚作蔬菜食用，也可作为育种材料。
【濒危状况及保护措施建议】该材料在当地少量种植，建议扩大种植面积，妥善异位保存。

7 大莱白扁豆

【学 名】Leguminosae（豆科）*Lablab*（扁豆属）*Lablab purpureus*（扁豆）。

【采集地】浙江省金华市武义县。

【主要特征特性】缠绕藤本，无限结荚习性，茎长达数米，结荚期6～12月。主茎分枝数3.3个，鲜茎绿色、粗壮，茎粗14.4mm。叶片绿色，叶脉绿色。蝶形花，总状多花花序，长花序梗，花白色，旗瓣、翼瓣白色。单株荚果（成熟荚）数46个，荚果长6.9cm，近顶端最宽处1.3cm，圆条形，稍向背弯曲，基部和顶端渐狭，中部鼓起，荚色浅绿，背脊线和腹线绿色。每荚粒数4.3粒，籽粒长10.8mm、宽7.4mm，百粒重37.1g，籽粒圆柱形、褐色，种脐白色。当地农民以嫩荚食用，荚小饱满，鲜荚软、口感好，果荚炒菜吃。

【优异特性与利用价值】结荚迟，荚浅绿色。嫩荚作蔬菜食用，也可作为育种材料。

【濒危状况及保护措施建议】建议扩大种植面积，妥善异位保存。

8 大莱土扁豆

【学　名】Leguminosae（豆科）*Lablab*（扁豆属）*Lablab purpureus*（扁豆）。
【采集地】浙江省金华市武义县。

【主要特征特性】缠绕藤本，无限结荚习性，茎长达数米，结荚期9～12月。主茎分枝数7.0个，鲜茎紫色、粗壮，茎粗17.0mm。叶片绿色，叶脉浅紫色。蝶形花，总状多花花序，长花序梗，花红色，旗瓣、翼瓣红色。单株荚果（成熟荚）数122个，荚果长8.4cm，中部最宽处2.3cm，扁平，弯月形，向背弯曲，基部和顶端渐狭，荚色紫，背脊线和腹线紫色。每荚粒数4.6粒，籽粒长12.6mm、宽9.6mm，百粒重50.8g，籽粒椭圆形、有紫黑花斑。当地农民认为该品种鲜荚软、口感好。
【优异特性与利用价值】生长健壮，适应性强，豆荚肉质较厚，籽粒大。嫩荚作蔬菜食用，也可作为育种材料。
【濒危状况及保护措施建议】建议扩大种植面积，妥善异位保存。

9 冬扁豆

【学　名】Leguminosae（豆科）*Lablab*（扁豆属）*Lablab purpureus*（扁豆）。
【采集地】浙江省杭州市临安区。

【主要特征特性】缠绕藤本，无限结荚习性，茎长达数米，结荚期6～12月。主茎分枝数5.3个，鲜茎绿色、较粗，茎粗12.0mm。叶片绿色，叶脉绿色。蝶形花，总状多花花序，长花序梗，花红色，旗瓣、翼瓣红色。单株荚果（成熟荚）数38个，荚果长8.9cm，中部最宽处2.7cm，扁平，月牙形，稍向背弯曲，基部和顶端渐狭，荚色浅绿色，背脊线和腹线绿色。每荚粒数4.7粒，籽粒长12.6mm、宽9.0mm，百粒重44.2g，籽粒椭圆形、黑色。当地农民吃荚，炒吃，结荚多，荚浅绿色，粒小。
【优异特性与利用价值】早熟，耐寒，豆荚肉质薄。嫩荚作蔬菜食用，也可作为育种材料。
【濒危状况及保护措施建议】建议扩大种植面积，妥善异位保存。

10 奉化白扁豆

【学　名】Leguminosae（豆科）*Lablab*（扁豆属）*Lablab purpureus*（扁豆）。
【采集地】浙江省宁波市奉化区。

【主要特征特性】缠绕藤本，无限结荚习性，茎长达数米，结荚期6～12月。主茎分枝数6.1个，鲜茎绿色、较细，茎粗9.0mm。叶片绿色，叶脉绿色。蝶形花，总状多花花序，长花序梗，花红色，旗瓣、翼瓣红色。单株荚果（成熟荚）数83个，荚果长8.4cm，中部最宽处2.4cm，扁平，月牙形，稍向背弯曲，基部和顶端渐狭，荚色浅绿，背脊线和腹线绿色。每荚粒数4.5粒，籽粒长12.4mm、宽8.9mm，百粒重41.5g，籽粒长椭圆形、黑色。当地农民炒吃嫩荚，糯性好。
【优异特性与利用价值】早熟，采荚期长，豆荚肉质薄。嫩荚作蔬菜食用，籽粒药用，也可作为育种材料。
【濒危状况及保护措施建议】建议扩大种植面积，妥善异位保存。

11 富阳红扁豆

【学　名】Leguminosae（豆科）*Lablab*（扁豆属）*Lablab purpureus*（扁豆）。
【采集地】浙江省杭州市富阳区。

【主要特征特性】缠绕藤本，无限结荚习性，茎长达数米，结荚期7～12月。主茎分枝数4.7个，鲜茎紫色、粗壮，茎粗15.3mm。叶片绿色，叶脉浅紫色。蝶形花，总状多花花序，长花序梗，花红色或粉白色，旗瓣、翼瓣红色。单株荚果（成熟荚）数108个，荚果长9.1cm，中部最宽处2.7cm，扁平，猫耳朵形，稍向背弯曲，基部和顶端渐狭，荚色浅紫，背脊线和腹线紫色。每荚粒数4.4粒，籽粒长11.8mm、宽9.0mm，百粒重42.8g，籽粒近圆形、深褐色带花斑。当地农民认为该品种品质优，抗逆性强。
【优异特性与利用价值】茎秆粗壮，荚厚、浅紫色，嫩荚纤维含量低。嫩荚作蔬菜食用，也可作为育种材料。
【濒危状况及保护措施建议】建议扩大种植面积，妥善异位保存。

12 富阳红花扁豆

【学　名】Leguminosae（豆科）*Lablab*（扁豆属）*Lablab purpureus*（扁豆）。
【采集地】浙江省杭州市富阳区。

【主要特征特性】缠绕藤本，无限结荚习性，茎长达数米，结荚期7～12月。主茎分枝数3.0个，鲜茎绿色、较细，茎粗9.4mm，叶片绿色，叶脉绿色。蝶形花，总状多花花序，长花序，花红色，旗瓣、翼瓣红色。单株荚果（成熟荚）数22个，荚果长9.1cm，中部最宽处2.7cm，月牙形，顶端和基部渐狭，荚色浅绿，背脊线和腹线绿色。每荚粒数4.7粒，籽粒长13.0mm、宽9.4mm，百粒重47.8g，籽粒椭圆形、黑色。当地农民认为该品种嫩荚采摘早，采荚期长，荚薄、质软。
【优异特性与利用价值】早熟，采荚期长，嫩荚纤维含量低，豆荚肉质薄。嫩荚作蔬菜食用，也可作为育种材料。
【濒危状况及保护措施建议】建议扩大种植面积，妥善异位保存。

13 红梗白扁节

【学　名】Leguminosae（豆科）*Lablab*（扁豆属）*Lablab purpureus*（扁豆）。
【采集地】浙江省杭州市淳安县。

【主要特征特性】缠绕藤本，无限结荚习性，茎长达数米，结荚期6～12月。主茎分枝数4.5个，鲜茎紫色、较粗，茎粗11.9mm。叶片绿色，叶脉紫色。蝶形花，总状多花花序，长花序梗，花红色，旗瓣、翼瓣红色，花期6～12月。单株荚果（成熟荚）数34个，荚果长13.8cm，中部最宽处2.7cm，扁平，镰刀形，豆荚表面不平，向背弯曲，顶端有弯曲的尖喙，基部渐狭，荚色浅绿、有红晕，背脊线和腹线紫色。每荚粒数5.2粒，籽粒长13.1mm、宽9.2mm，百粒重49.5g，籽粒椭圆形、黑色。当地农民认为该品种品质优。

【优异特性与利用价值】荚果较长，荚缝线浅紫色。嫩荚作蔬菜食用，也可作为育种材料。

【濒危状况及保护措施建议】建议扩大种植面积，妥善异位保存。

14 红花红荚扁豆

【学　名】Leguminosae（豆科）*Lablab*（扁豆属）*Lablab purpureus*（扁豆）。
【采集地】浙江省温州市泰顺县。

【主要特征特性】缠绕藤本，无限结荚习性，茎长达数米，结荚期7～12月。主茎分枝数2.5个，鲜茎浅紫色、较粗，茎粗11.2mm。叶片绿色，叶脉紫色。蝶形花，总状多花花序，长花序梗，花红色，旗瓣、翼瓣红色。单株荚果（成熟荚）数26个，荚果长7.1cm，中部最宽处2.5cm，扁平，猫耳朵形，基部渐狭，荚色浅紫、有光泽，背脊线和腹线紫色。每荚粒数4.0粒，籽粒长11.9mm、宽8.9mm，百粒重41.4g，籽粒近圆形、有紫黑花斑。

【优异特性与利用价值】嫩荚浅紫色、猫耳朵形，嫩荚作蔬菜食用，也可作为育种材料。

【濒危状况及保护措施建议】建议扩大种植面积，妥善异位保存。

15 红荚扁豆

【学　名】Leguminosae（豆科）*Lablab*（扁豆属）*Lablab purpureus*（扁豆）。

【采集地】浙江省杭州市临安区。

【主要特征特性】缠绕藤本，无限结荚习性，茎长达数米，结荚期6～12月。主茎分枝数4.3个，鲜茎浅紫色、粗壮，茎粗13.1mm。叶片绿色，叶脉紫色。蝶形花，总状多花花序，长花序梗，花红色，旗瓣、翼瓣红色。单株荚果（成熟荚）数109个，荚果长8.4cm，近顶端最宽处3.4cm，猪耳朵形，表面鼓起，稍向背弯曲，基部向顶端渐宽，荚色绿带红晕，背脊线紫色，腹线浅紫色。每荚粒数4.6粒，籽粒长14.1mm、宽9.9mm，百粒重55.7g，籽粒长椭圆形、黑色。

【优异特性与利用价值】嫩荚作蔬菜食用，也可作为育种材料。

【濒危状况及保护措施建议】建议扩大种植面积，妥善异位保存。

16 黄岩白扁豆-1

【学　名】Leguminosae（豆科）*Lablab*（扁豆属）*Lablab purpureus*（扁豆）。
【采集地】浙江省台州市黄岩区。

【主要特征特性】缠绕藤本，无限结荚习性，茎长达数米，结荚期7～12月。主茎分枝数4.3个，鲜茎绿色、强度大、粗壮，茎粗13.8mm。叶片绿色，叶脉绿色。蝶形花，总状多花花序，短花序梗，花白色，旗瓣、翼瓣白色。单株荚果（成熟荚）数34个，荚果长9.0cm，中部最宽处2.9cm，月牙形，稍向背弯曲，基部和顶端渐狭，荚色浅绿，背脊线和腹线绿色。每荚粒数5.0粒，籽粒长12.5mm、宽9.3mm，百粒重44.3g，籽粒近圆形、黄色。当地农民认为该品种不抗角斑病。

【优异特性与利用价值】耐寒，秋季结荚多，豆荚肉质厚，花枝较短。嫩荚作蔬菜食用，籽粒药用，也可作为育种材料。

【濒危状况及保护措施建议】建议扩大种植面积，妥善异位保存。

17 黄岩白扁豆-2

【学　名】Leguminosae（豆科）*Lablab*（扁豆属）*Lablab purpureus*（扁豆）。
【采集地】浙江省台州市黄岩区。

【主要特征特性】缠绕藤本，无限结荚习性，茎长达数米，结荚期8～12月。主茎分枝数4.3个，鲜茎绿色、粗壮，茎粗16.0mm。叶片绿色，叶脉绿色。蝶形花，总状多花花序，长花序梗，花白色，旗瓣、翼瓣白色。单株荚果（成熟荚）数37个，荚果长9.0cm，中部最宽处2.9cm，月牙形，稍向背弯曲，基部和顶端渐狭，荚色浅绿，背脊线和腹线绿色。每荚粒数5.0粒，籽粒长12.5mm、宽9.3mm，百粒重46.7g，籽粒椭圆形、白色。当地农民认为该品种加白糖治头疼，根茎叶皆可利用。

【优异特性与利用价值】耐寒，植株生长茂盛。药食两用，也可作为育种材料。

【濒危状况及保护措施建议】建议扩大种植面积，妥善异位保存。

18 院桥白扁豆

【学 名】Leguminosae（豆科）*Lablab*（扁豆属）*Lablab purpureus*（扁豆）。
【采集地】浙江省台州市黄岩区。

【主要特征特性】缠绕藤本，无限结荚习性，茎长达数米，结荚期7～12月。主茎分枝数2.8个，鲜茎绿色、较粗，茎粗10.6mm。叶片绿色，叶脉绿色。蝶形花，总状多花花序，长花序梗，花红色，旗瓣、翼瓣红色。单株荚果（成熟荚）数38个，荚果长6.7cm，中部最宽处1.7cm，眉形，向背弯曲，基部和顶端渐狭，荚色浅绿，背脊线绿色，腹线绿色略带紫色。每荚粒数4.7粒，籽粒长9.3mm、宽7.8mm，百粒重29.5g，籽粒近圆形、黑色。

【优异特性与利用价值】籽粒百粒重29.5g，豆荚浅绿色、眉形。可作为育种材料。

【濒危状况及保护措施建议】建议扩大种植面积，妥善异位保存。

19 黄岩红扁豆

【学　名】Leguminosae（豆科）*Lablab*（扁豆属）*Lablab purpureus*（扁豆）。
【采集地】浙江省台州市黄岩区。

【主要特征特性】缠绕藤本，无限结荚习性，茎长达数米，结荚期7～12月。主茎分枝数4.3个，鲜茎紫色、较粗，茎粗12.3mm。叶片绿色，叶脉浅紫色。蝶形花，总状多花花序，长花序梗，花红色，旗瓣、翼瓣红色。单株荚果（成熟荚）数29个，荚果长10.2cm，中部最宽处2.5cm，扁平，月牙形，向背弯曲，基部和顶端渐狭，荚色紫，背脊线和腹线紫色。每荚粒数5.0粒，籽粒长12.4mm、宽9.3mm，百粒重45.2g，籽粒椭圆形、黑色。当地农民认为该品种根、茎、叶、荚果和籽粒均可利用。
【优异特性与利用价值】耐寒，秋季结荚多，豆荚肉质厚。嫩荚作蔬菜食用，也可作为育种材料。
【濒危状况及保护措施建议】建议扩大种植面积，妥善异位保存。

20 罗星白扁豆

【学　名】Leguminosae（豆科）*Lablab*（扁豆属）*Lablab purpureus*（扁豆）。
【采集地】浙江省嘉兴市嘉善县。

【主要特征特性】缠绕藤本，无限结荚习性，茎长达数米，结荚期7～12月。主茎分枝数3.3个，鲜茎紫色、较细，茎粗10.1mm。叶片绿色，叶脉紫色。蝶形花，总状多花花序，长花序梗，花红色，旗瓣、翼瓣红色。单株荚果（成熟荚）数22个，荚果长8.1cm，近顶端最宽处3.4cm，猪耳朵形，基部和顶端渐狭，荚色浅绿带红，背脊线和腹线紫色。每荚粒数4.0粒，籽粒长12.3mm、宽9.1mm，百粒重44.5g，籽粒椭圆形、黑色。当地农民认为该品种根、茎、叶、荚果和籽粒均可利用。

【优异特性与利用价值】豆荚猪耳朵形，嫩荚颜色不均一。嫩荚作蔬菜食用，籽粒药用，也可作为育种材料。

【濒危状况及保护措施建议】建议扩大种植面积，妥善异位保存。

21 嘉善扁豆-1

【学　名】Leguminosae（豆科）*Lablab*（扁豆属）*Lablab purpureus*（扁豆）。
【采集地】浙江省嘉兴市嘉善县。

【主要特征特性】缠绕藤本，无限结荚习性，茎长达数米，结荚期6～12月，主茎分枝数3.0个，鲜茎浅紫色、粗壮，茎粗18.9mm。叶片绿色，叶脉紫色。蝶形花，总状多花花序，长花序梗，花红色，旗瓣、翼瓣红色。单株荚果（成熟荚）数115个，荚果长8.8cm，中部最宽处2.4cm，月牙形，稍向背弯曲，基部和顶端渐狭，荚色浅绿带紫，背脊线和腹线紫色。每荚粒数4.4粒，籽粒长11.6mm、宽9.3mm，百粒重45.9g，籽粒近圆形、黑色。

【优异特性与利用价值】植株粗壮，豆荚月牙形。嫩荚作蔬菜食用，也可作为育种材料。

【濒危状况及保护措施建议】建议扩大种植面积，妥善异位保存。

22 嘉善扁豆-2

【学 名】Leguminosae（豆科）*Lablab*（扁豆属）*Lablab purpureus*（扁豆）。
【采集地】浙江省嘉兴市嘉善县。

【主要特征特性】缠绕藤本，无限结荚习性，茎长达数米，结荚期7～12月。主茎分枝数5.0个，鲜茎浅紫色、粗壮，茎粗17.0mm。叶片绿色，叶脉浅紫色。蝶形花，总状多花花序，长花序梗，花红色，旗瓣、翼瓣红色。单株荚果（成熟荚）数17个，荚果长7.8cm，中部最宽处2.2cm，月牙形，向背弯曲，基部和顶端渐狭，荚色浅绿带紫，背脊线和腹线紫色。每荚粒数4.1粒，籽粒长11.4mm、宽9.0mm，百粒重45.7g，籽粒近圆形、黑色。
【优异特性与利用价值】植株粗壮，豆荚月牙形。嫩荚作蔬菜食用，籽粒药用，也可作为育种材料。
【濒危状况及保护措施建议】建议扩大种植面积，妥善异位保存。

23 嘉善羊眼豆

【学　名】Leguminosae（豆科）*Lablab*（扁豆属）*Lablab purpureus*（扁豆）。
【采集地】浙江省嘉兴市嘉善县。

【主要特征特性】缠绕藤本，无限结荚习性，茎长达数米，结荚期7～12月。主茎分枝数3.3个，鲜茎紫色、较细，茎粗9.0mm。叶片绿色，叶脉紫色。蝶形花，总状多花花序，短花序梗，花红色，旗瓣红色。单株荚果（成熟荚）数20个，荚果长13.6cm，中部最宽处2.9cm，月牙形，顶端和基部渐狭，荚色浅绿带紫，背脊线和腹线紫色。每荚粒数4.2粒，籽粒长12.2mm、宽9.8mm，百粒重52.6g，籽粒近圆形、有紫黑花斑。

【优异特性与利用价值】短花序梗，红花，月牙形荚果。嫩荚作蔬菜食用，也可作为育种材料。

【濒危状况及保护措施建议】建议扩大种植面积，妥善异位保存。

24 荚豆

【学　名】Leguminosae（豆科）*Lablab*（扁豆属）*Lablab purpureus*（扁豆）。

【采集地】浙江省衢州市衢江区。

【主要特征特性】缠绕藤本，无限结荚习性，茎长达数米，结荚期7～12月。主茎分枝数7.3个，鲜茎绿色、较粗，茎粗10.6mm。叶片绿色，叶脉绿色。蝶形花，总状多花花序，长花序梗，花红色，旗瓣、翼瓣红色。单株荚果（成熟荚）40个，荚果长8.7cm，中部最宽处2.7cm，月牙形或猪耳朵形，顶端和基部渐狭，荚色浅绿，背脊线和腹线绿色。每荚粒数4.8粒，籽粒长13.5mm、宽9.8mm，百粒重51.7g，籽粒近圆形、有紫黑花斑。

【优异特性与利用价值】早熟。嫩荚作蔬菜食用，也可作为育种材料。

【濒危状况及保护措施建议】建议扩大种植面积，妥善异位保存。

25 景宁梁豆

【学　名】Leguminosae（豆科）*Lablab*（扁豆属）*Lablab purpureus*（扁豆）。
【采集地】浙江省丽水市景宁县。

【主要特征特性】缠绕藤本，无限结荚习性，茎长达数米，结荚期7～12月。主茎分枝数2.7个，鲜茎绿色、较细，茎粗7.5mm。叶片绿色，叶脉绿色。蝶形花，总状多花花序，长花序梗，花红色，旗瓣、翼瓣红色。单株荚果（成熟荚）数36个，荚果长8.1cm，中部最宽处2.4cm，扁平，月牙形，稍向背弯曲，顶端和基部渐狭，荚色浅绿，背脊线和腹线绿色。每荚粒数4.9粒，籽粒长12.2mm、宽8.9mm，百粒重42.4g，籽粒长椭圆形、黑色。

【优异特性与利用价值】嫩荚作为蔬菜食用，也可作育种材料。

【濒危状况及保护措施建议】建议扩大种植面积，妥善异位保存。

26 景宁紫扁豆

【学　名】Leguminosae（豆科）*Lablab*（扁豆属）*Lablab purpureus*（扁豆）。
【采集地】浙江省丽水市景宁县。

【主要特征特性】缠绕藤本，无限结荚习性，茎长达数米，结荚期7～12月。主茎分枝数4.5个，鲜茎紫色、粗壮，茎粗17.1mm。叶片绿色，叶脉浅紫色。蝶形花，总状多花花序，长花序梗，花红色，旗瓣、翼瓣红色。单株荚果（成熟荚）数195个，荚果长11.9cm，中部最宽处2.2cm，扁平，镰刀形，稍向背弯曲，顶端和基部渐狭，荚色黄绿带紫，背脊线和腹线紫色。每荚粒数4.8粒，籽粒长13.1mm、宽9.3mm，百粒重48.2g，籽粒长椭圆形、黑红色。

【优异特性与利用价值】耐寒。嫩荚作蔬菜食用，也可作为育种材料。

【濒危状况及保护措施建议】建议扩大种植面积，妥善异位保存。

27 开化扁豆

【学 名】Leguminosae（豆科）*Lablab*（扁豆属）*Lablab purpureus*（扁豆）。

【采集地】浙江省衢州市开化县。

【主要特征特性】缠绕藤本，无限结荚习性，茎长达数米，结荚期6～12月。主茎分枝数5.7个，鲜茎绿色、较粗，茎粗10.4mm。叶片绿色，叶脉绿色。蝶形花，总状多花花序，长花序梗，花红色，旗瓣、翼瓣红色。单株荚果（成熟荚）数31个，荚果长7.5cm，中部最宽处2.5cm，月牙形，稍向背弯曲，基部和顶端渐狭，荚色浅绿，背脊线和腹线绿色。每荚粒数4.7粒，籽粒长12.0mm、宽9.5mm，百粒重47.8g，籽粒近圆形、黑色。当地农民认为该品种口感好、脆，纤维少，炒食、晒干籽粒食用。

【优异特性与利用价值】早熟，豆荚浅绿色，红花。嫩荚作蔬菜食用，籽粒食用，也可作为育种材料。

【濒危状况及保护措施建议】建议扩大种植面积，妥善异位保存。

28 柯城红扁豆

【学　名】Leguminosae（豆科）*Lablab*（扁豆属）*Lablab purpureus*（扁豆）。
【采集地】浙江省衢州市柯城区。

【主要特征特性】缠绕藤本，无限结荚习性，茎长达数米，结荚期7～12月。主茎分枝数2.5个，鲜茎紫色、粗壮，茎粗14.5mm。叶片绿色，叶脉浅紫色。蝶形花，总状多花花序，长花序梗，花红色，旗瓣、翼瓣红色。单株荚果（成熟荚）数98个，荚果长8.2cm，近顶端最宽处2.5cm，扁平，猫耳朵形，稍向背弯曲，基部渐狭，荚色紫，背脊线和腹线紫色。每荚粒数4.5粒，籽粒长11.8mm、宽8.9mm，百粒重44.2g，籽粒近圆形、黑色。当地农民认为该品种品质优，抗旱、耐热、不耐寒，口感好。
【优异特性与利用价值】豆荚紫色，茎秆粗壮，口感好，纤维少，不易老化，嫩荚适摘期长。嫩荚作蔬菜食用，也可作育种材料。
【濒危状况及保护措施建议】建议扩大种植面积，妥善异位保存。

29 宽扁节

【学　名】Leguminosae（豆科）*Lablab*（扁豆属）*Lablab purpureus*（扁豆）。
【采集地】浙江省杭州市淳安县。

【主要特征特性】缠绕藤本，无限结荚习性，茎长达数米，结荚期6～12月。主茎分枝数3.3个，鲜茎紫色、较细，茎粗9.9mm。叶片绿色，叶脉浅紫色。蝶形花，总状多花花序，长花序梗，花红色，旗瓣、翼瓣红色。单株荚果（成熟荚）数17个，荚果长9.7cm，近顶端最宽处4.0cm，扁平，猪耳朵形，豆荚表面不平，稍向背弯曲，基部渐狭，荚色黄绿色带红色，秋季豆荚具红晕，背脊线和腹线紫色。每荚粒数4.3粒，籽粒长15.4mm、宽10.5mm，百粒重64.9g，籽粒扁平、椭圆形、黑色或褐色。当地农民认为该品种品质优，糯，自家食用、药用。
【优异特性与利用价值】豆荚宽大、猪耳朵形、黄绿色带红色。嫩荚作蔬菜食用，籽粒药用，也可作为育种材料。
【濒危状况及保护措施建议】建议扩大种植面积，妥善异位保存。

30 临安扁豆

【学　名】Leguminosae（豆科）*Lablab*（扁豆属）*Lablab purpureus*（扁豆）。
【采集地】浙江省杭州市临安区。

【主要特征特性】缠绕藤本，无限结荚习性，茎长达数米，结荚期6～12月。主茎分枝数9.0个，鲜茎绿色、粗壮，茎粗17.9mm，分枝多。叶片绿色，叶脉绿色。蝶形花，总状多花花序，长花序梗，花红色，旗瓣、翼瓣红色。单株荚果（成熟荚）数109个，荚果长12.8cm，中部最宽处4.0cm，猪耳朵形，表面鼓起，豆荚表面不平，稍向背弯曲，基部渐狭，荚色浅绿，秋季具红晕，背脊线和腹线绿色带紫色。每荚粒数4.7粒，籽粒长15.5mm、宽9.9mm，百粒重58.4g，籽粒长椭圆形、黑色。当地农民认为该品种粒大。
【优异特性与利用价值】豆荚宽大、猪耳朵形。嫩荚作蔬菜食用，也可作为育种材料。
【濒危状况及保护措施建议】建议扩大种植面积，妥善异位保存。

31 临安青扁豆

【学　名】Leguminosae（豆科）*Lablab*（扁豆属）*Lablab purpureus*（扁豆）。

【采集地】浙江省杭州市临安区。

【主要特征特性】缠绕藤本，无限结荚习性，茎长达数米，结荚期6～12月。主茎分枝数6.3个，鲜茎绿色带紫色、较粗，茎粗10.1mm，分枝较多。叶片绿色，叶脉绿色。蝶形花，总状多花花序，长花序梗，花红色，旗瓣、翼瓣红色。单株荚果（成熟荚）数79个，荚果长10.2cm，近顶端最宽处3.8cm，猪耳朵形，豆荚表面不平，稍向背弯曲，基部渐狭，荚色不均匀绿，背脊线和腹线深绿色。每荚粒数4.8粒，籽粒长14.0mm、宽9.7mm，百粒重51.5g，籽粒长椭圆形、紫黑色。当地农民认为该品种口感好，自家食用、药用、饲用。

【优异特性与利用价值】早熟，耐寒，豆荚肉质薄。嫩荚作蔬菜食用，籽粒药用，饲用，也可作为育种材料。

【濒危状况及保护措施建议】建议扩大种植面积，妥善异位保存。

32 灵昆红扁豆

【学 名】Leguminosae（豆科）*Lablab*（扁豆属）*Lablab purpureus*（扁豆）。
【采集地】浙江省温州市洞头区。

【主要特征特性】缠绕藤本，无限结荚习性，茎长达数米，结荚期9～12月。主茎分枝数10.3个，鲜茎紫色，茎节处绿色，茎秆粗壮，茎粗17.0mm，分枝多。叶色绿带紫，叶脉紫色。蝶形花，总状多花花序，长花序梗，花红色，旗瓣、翼瓣红色。单株荚果（成熟荚）数110个，荚果长7.4cm，近顶端最宽处2.4cm，扁平，猫耳朵形，稍向背弯曲，基部渐狭，荚色紫、光亮，背脊线和腹线紫色，肉质较厚。每荚粒数4.5粒，籽粒长11.5mm、宽8.4mm，百粒重44.1g，籽粒近圆形、有紫黑花斑。当地农民认为该品种品质优，耐盐碱，播后80天可采收，有3次开花结荚习性，鲜荚亩产量达2500～3000kg。
【优异特性与利用价值】生育前期感染病毒病能够恢复，生长粗壮，开花结果迟，荚厚、紫色，结荚量大。嫩荚作蔬菜食用，也可作为育种材料。
【濒危状况及保护措施建议】建议扩大种植面积，妥善异位保存。

33 宁海白扁豆

【学　名】Leguminosae（豆科）*Lablab*（扁豆属）*Lablab purpureus*（扁豆）。

【采集地】浙江省宁波市宁海县。

【主要特征特性】缠绕藤本，无限结荚习性，茎长达数米，结荚期6～12月。主茎分枝数5.5个，鲜茎绿色、较粗，茎粗13.2mm。叶片绿色，叶脉绿色。蝶形花，总状多花花序，长花序梗，花红色，旗瓣、翼瓣红色。单株荚果（成熟荚）数45个，荚果长7.4cm，近顶端最宽处2.4cm，扁平，猫耳朵形，稍向背弯曲，基部渐狭，荚色浅绿，背脊线和腹线绿色，肉质较厚。每荚粒数4.5粒，籽粒长11.5mm、宽8.4mm，百粒重40.9g，籽粒椭圆形、深褐色。

【优异特性与利用价值】荚浅绿色，花红色，豆荚肉质较厚。嫩荚作蔬菜食用，也可作为育种材料。

【濒危状况及保护措施建议】建议扩大种植面积，妥善异位保存。

34 宁海红扁豆

【学　名】Leguminosae（豆科）*Lablab*（扁豆属）*Lablab purpureus*（扁豆）。
【采集地】浙江省宁波市宁海县。

【主要特征特性】缠绕藤本，无限结荚习性，茎长达数米，结荚期6～12月。主茎分枝数4.8个，鲜茎红色、较粗，茎粗12.0mm。叶片绿色，叶脉浅紫色。蝶形花，总状多花花序，长花序梗，花红色，旗瓣、翼瓣红色。单株荚果（成熟荚）数81个，荚果长8.2cm，中部最宽处2.3cm，扁平，月牙形，稍向背弯曲，基部和顶端渐狭，荚色浅绿，背脊线和腹线紫红色。每荚粒数5.1粒，籽粒长11.5mm、宽8.2mm，百粒重34.7g，籽粒椭圆形、黑色。当地农民主要自家食用或作饲料用，也在市场销售。
【优异特性与利用价值】豆荚背脊线及腹线紫红色，其他部位浅绿色。嫩荚作蔬菜食用，也可作为育种材料。
【濒危状况及保护措施建议】建议扩大种植面积，妥善异位保存。

35 磐安红扁豆

【学　名】Leguminosae（豆科）*Lablab*（扁豆属）*Lablab purpureus*（扁豆）。
【采集地】浙江省金华市磐安县。

【主要特征特性】缠绕藤本，无限结荚习性，茎长达数米，结荚期7～12月。主茎分枝数4.0个，鲜茎浅紫色、粗壮，茎粗17.7mm。叶片绿色，叶脉浅紫色。蝶形花，总状多花花序，长花序梗，花红色，旗瓣、翼瓣红色。单株荚果（成熟荚）数225个，荚果长7.0cm，近顶端最宽处2.4cm，猫耳朵形，向背弯曲，基部向顶端渐宽，荚色紫，背脊线和腹线紫色。每荚粒数4.4粒，籽粒长12.0mm、宽9.0mm，百粒重44.2g，籽粒椭圆形、有紫黑花斑。
【优异特性与利用价值】植株健壮，豆荚肉质厚。嫩荚作蔬菜食用，也可作为育种材料。
【濒危状况及保护措施建议】建议扩大种植面积，妥善异位保存。

36 平湖白扁豆

【学　名】Leguminosae（豆科）*Lablab*（扁豆属）*Lablab purpureus*（扁豆）。
【采集地】浙江省嘉兴市平湖市。

【主要特征特性】缠绕藤本，无限结荚习性，茎长达数米，结荚期7～12月。主茎分枝数2.3个，鲜茎绿色、较粗，茎粗11.4mm。叶片绿色，叶脉绿色。蝶形花，总状多花花序，长花序梗，花白色，旗瓣、翼瓣白色。荚果长8.9cm，中部最宽处2.5cm，眉形，基部和顶端渐狭，荚色绿，背脊线和腹线绿色。每荚粒数4.9粒，籽粒长11.8mm、宽9.5mm，百粒重50.8g，籽粒近圆形、白色。当地农民认为该品种品质优。
【优异特性与利用价值】白花、白色籽粒，嫩荚易纤维化，主要食用籽粒。为中药材，也可作为育种材料。
【濒危状况及保护措施建议】建议扩大种植面积，妥善异位保存。

37 平湖红皮扁豆

【学　名】Leguminosae（豆科）*Lablab*（扁豆属）*Lablab purpureus*（扁豆）。
【采集地】浙江省嘉兴市平湖市。

【主要特征特性】缠绕藤本，无限结荚习性，茎长达数米，结荚期7～12月。主茎分枝数2.3个，鲜茎浅紫色、较粗，茎粗11.4mm。叶片绿色，叶脉紫色。蝶形花，总状多花花序，长花序梗，花红色，旗瓣、翼瓣红色，旗瓣圆形。单株荚果（成熟荚）数26个，荚果长7.8cm，近顶端最宽处1.9cm，眉形，基部和顶端渐狭，荚色紫、有光泽，背脊线和腹线紫色。每荚粒数4.0粒，籽粒长10.5mm、宽8.7mm，百粒重35.5g，籽粒近圆形、有紫黑花斑。
【优异特性与利用价值】红花、紫荚。嫩荚作蔬菜食用，也可作为育种材料。
【濒危状况及保护措施建议】建议扩大种植面积，妥善异位保存。

38 浦江羊眼豆荚

【学　名】Leguminosae（豆科）*Lablab*（扁豆属）*Lablab purpureus*（扁豆）。
【采集地】浙江省金华市浦江县。

【主要特征特性】缠绕藤本，无限结荚习性，茎长达数米，结荚期7～12月。主茎分枝数9.3个，鲜茎紫色、较细，茎粗9.3mm。叶片绿色，叶脉浅紫色。蝶形花，总状多花花序，长花序梗，花红色，旗瓣、翼瓣红色。单株荚果（成熟荚）数28个，荚果长7.4cm，近顶端最宽处2.4cm，猫耳朵形，基部渐狭，荚色紫，背脊线和腹线紫色，嫩荚肉质厚。每荚粒数4.5粒，籽粒长11.7mm、宽9.1mm，百粒重45.6g，籽粒近圆形、有黑色花斑。当地农民认为该品种品质优。

【优异特性与利用价值】嫩荚厚、紫色，不易老化，品质优，嫩荚适采期长。嫩荚作蔬菜食用，也可作为育种材料。

【濒危状况及保护措施建议】建议扩大种植面积，妥善异位保存。

39 青扁豆

【学　名】Leguminosae（豆科）*Lablab*（扁豆属）*Lablab purpureus*（扁豆）。
【采集地】浙江省金华市磐安县。

【主要特征特性】缠绕藤本，无限结荚习性，茎长达数米，结荚期7～12月。主茎分枝数4.0个，鲜茎绿色、粗壮，茎粗17.7mm。叶片绿色，叶脉绿色。蝶形花，总状多花花序，长花序梗，花白色，旗瓣、翼瓣白色。单株荚果（成熟荚）数88个，荚果长11.8cm，近顶端最宽处1.6cm，弯月形，表面鼓起，向背弯曲，中部最阔，顶基端渐狭，荚色深绿，背脊线和腹线深绿色，肉质薄。每荚粒数4.8粒，长13.2mm、宽8.6mm，百粒重48.5g，籽粒圆柱形、有红褐花斑。
【优异特性与利用价值】植株健壮，耐寒。嫩荚作蔬菜食用，也可作为育种材料。
【濒危状况及保护措施建议】建议扩大种植面积，妥善异位保存。

40 庆元扁豆

【学　名】Leguminosae（豆科）*Lablab*（扁豆属）*Lablab purpureus*（扁豆）。
【采集地】浙江省丽水市庆元县。

【主要特征特性】缠绕藤本，无限结荚习性，茎长达数米，结荚期6～12月。主茎分枝数4.3个，鲜茎绿色、较细，茎粗9.7mm。叶片绿色，叶脉绿色。蝶形花，总状多花花序，长花序梗，花红色，旗瓣、翼瓣红色，旗瓣圆形。单株荚果（成熟荚）数32个，荚果长8.6cm，中部最宽处2.6cm，月牙形，稍向背弯曲，基部和顶端渐狭，荚色浅绿，背脊线绿色，腹线绿色或浅紫色。每荚粒数4.6粒，籽粒长11.9mm、宽8.9mm，百粒重41.7g，籽粒椭圆形、有紫黑花斑。
【优异特性与利用价值】早熟，豆荚肉质较厚，采荚期长。嫩荚作蔬菜食用，籽粒食用，可作为育种材料。
【濒危状况及保护措施建议】建议扩大种植面积，妥善异位保存。

41 庆元紫扁豆

【学　名】Leguminosae（豆科）*Lablab*（扁豆属）*Lablab purpureus*（扁豆）。
【采集地】浙江省丽水市庆元县。

【主要特征特性】缠绕藤本，无限结荚习性，茎长达数米，结荚期7～12月。主茎分枝数4.5个，鲜茎紫色、较粗，茎粗12.7mm。叶片绿色，叶脉浅紫色。蝶形花，总状多花花序，长花序梗，花红色，旗瓣、翼瓣红色。单株荚果（成熟荚）数66个，荚果长7.5cm，近顶端最宽处2.5cm，猫耳朵形，荚色紫，稍向背弯曲，基部和顶端渐狭，背脊线和腹线紫色。每荚粒数4.8粒，籽粒长11.7mm、宽8.7mm，百粒重40.1g，籽粒椭圆形、有紫黑花斑。

【优异特性与利用价值】豆荚肉质厚，茎紫色，荚紫色，花红色。嫩荚作蔬菜食用，籽粒食用，也可作育种材料。

【濒危状况及保护措施建议】建议扩大种植面积，妥善异位保存。

42 衢江扁豆

【学 名】Leguminosae（豆科）*Lablab*（扁豆属）*Lablab purpureus*（扁豆）。
【采集地】浙江省衢州市衢江区。

【主要特征特性】缠绕藤本，无限结荚习性，茎长达数米，结荚期6～12月。主茎分枝数6.7个，鲜茎绿色、较粗，茎粗11.5mm。叶片绿色，叶脉绿色。蝶形花，总状多花花序，长花序梗，花白色，旗瓣、翼瓣白色。单株荚果（成熟荚）数75个，荚果长5.7cm，中部最宽处1.5cm，眉形，稍向背弯曲，基部和顶端渐狭，荚色浅绿，背脊线和腹线绿色。每荚粒数3.9粒，籽粒长9.5mm、宽7.7mm，百粒重32.8g，籽粒近圆形、黄色。
【优异特性与利用价值】早熟，豆荚肉质厚。嫩荚作蔬菜食用，籽粒食用，可作为育种材料。
【濒危状况及保护措施建议】建议扩大种植面积，妥善异位保存。

43 瑞安白扁豆

【学 名】Leguminosae（豆科）*Lablab*（扁豆属）*Lablab purpureus*（扁豆）。
【采集地】浙江省温州市瑞安市。

【主要特征特性】缠绕藤本，无限结荚习性，茎长达数米，结荚期6～12月。主茎分枝数6.0个，鲜茎绿色、较细，茎粗7.9mm。叶片绿色，叶脉绿色。蝶形花，总状多花花序，长花序梗，花红色，旗瓣、翼瓣红色。单株荚果（成熟荚）数34个，荚果长9.4cm，中部最宽处2.6cm，月牙形，稍向背弯曲，基部和顶端渐狭，荚色浅绿，背脊线和腹线绿色。每荚粒数5.3粒，籽粒长12.3mm、宽9.0mm，百粒重43.0g，籽粒长椭圆形、黑色。当地农民认为该品种口感脆嫩、爽口。

【优异特性与利用价值】早熟，豆荚肉质薄，花红色。嫩荚作蔬菜食用，籽粒食用，可作为育种材料。

【濒危状况及保护措施建议】建议扩大种植面积，妥善异位保存。

44 瑞安红扁豆

【学　名】Leguminosae（豆科）*Lablab*（扁豆属）*Lablab purpureus*（扁豆）。

【采集地】浙江省温州市瑞安市。

【主要特征特性】缠绕藤本，无限结荚习性，茎长达数米，结荚期6～12月。主茎分枝数4.8个，鲜茎紫色、较粗，茎粗11.9mm。叶色绿，主叶脉紫色。蝶形花，总状多花花序，长花序梗，花红色，旗瓣、翼瓣红色，旗瓣圆形。单株荚果（成熟荚）数116个，荚果长8.0cm，近顶端最宽处2.3cm，猫耳朵形，稍向背弯曲，基部和顶端渐狭，或基部向顶端渐宽，荚色紫，背脊线和腹线紫色。每荚粒数4.4粒，长11.6mm、宽8.9mm，百粒重43.4g，籽粒近圆形、有紫黑花斑。

【优异特性与利用价值】豆荚肉质厚，茎紫色，荚紫色，花红色。嫩荚作蔬菜食用，籽粒食用，可作为育种材料。

【濒危状况及保护措施建议】建议扩大种植面积，妥善异位保存。

45 上虞扁眼豆

【学　名】Leguminosae（豆科）*Lablab*（扁豆属）*Lablab purpureus*（扁豆）。
【采集地】浙江省绍兴市上虞区。

【主要特征特性】缠绕藤本，无限结荚习性，茎长达数米，结荚期7～12月。主茎分枝数5.7个，鲜茎浅紫色、较粗，茎粗11.2mm。叶片绿色，主叶脉浅紫色。蝶形花，总状多花花序，长花序梗，花红色，旗瓣、翼瓣红色。单株荚果（成熟荚）数40个，荚果长8.6cm，中部最宽处2.4cm，扁平，月牙形，基部和顶端渐狭，荚色绿带紫，背脊线和腹线紫色。每荚粒数3.8粒，籽粒长11.5mm、宽9.6mm，百粒重49.6g，籽粒近圆形、黑色。当地农民认为该品种品质优，耐热，口感粉糯。
【优异特性与利用价值】嫩荚绿色带紫色，花红色。嫩荚作蔬菜食用，籽粒食用，可作为育种材料。
【濒危状况及保护措施建议】建议扩大种植面积，妥善异位保存。

46 泰顺白扁豆

【学　名】Leguminosae（豆科）*Lablab*（扁豆属）*Lablab purpureus*（扁豆）。
【采集地】浙江省温州市泰顺县。

【主要特征特性】缠绕藤本，无限结荚习性，茎长达数米，结荚期6～12月。主茎分枝数4.0个，鲜茎绿色、较细，茎粗9.2mm。叶片绿色，叶脉绿色。蝶形花，总状多花花序，长花序梗，花白色，旗瓣、翼瓣白色。荚果长7.1cm，中部最宽处2.5cm，眉形，基部和顶端渐狭，荚色颜色不均匀绿，背脊线和腹线绿色。每荚粒数4.5粒，籽粒长10.3mm、宽8.4mm，百粒重50.5g，籽粒近圆形、白色。当地农民认为该品种可食用、保健药用。

【优异特性与利用价值】白花、白色籽粒，嫩荚易纤维化，主要食用籽粒。为中药材，也可作为育种材料。

【濒危状况及保护措施建议】建议扩大种植面积，妥善异位保存。

47 桐乡白扁豆

【学　名】Leguminosae（豆科）*Lablab*（扁豆属）*Lablab purpureus*（扁豆）。
【采集地】浙江省嘉兴市桐乡市。

【主要特征特性】缠绕藤本，无限结荚习性，茎长达数米，结荚期9～12月。主茎分枝数4.5个，鲜茎绿色带紫色、较粗，茎粗12.3mm。叶片绿色，叶脉绿色。蝶形花，总状多花花序，短花序梗，花红色，旗瓣、翼瓣红色。单株荚果（成熟荚）数86个，荚果长10.3cm，中部最宽处2.7cm，扁平，月牙形，稍向背弯曲，基部和顶端渐狭，荚色浅绿，背脊线和腹线绿色带紫色或绿色。每荚粒数4.0粒，籽粒长12.2mm、宽8.8mm，百粒重43.9g，籽粒长椭圆形、黑色。
【优异特性与利用价值】豆荚浅绿色，花红色。嫩荚作蔬菜食用，籽粒食用，可作育种材料。
【濒危状况及保护措施建议】建议扩大种植面积，妥善异位保存。

48 桐乡紫扁豆

【学　名】Leguminosae（豆科）*Lablab*（扁豆属）*Lablab purpureus*（扁豆）。
【采集地】浙江省嘉兴市桐乡市。

【主要特征特性】缠绕藤本，无限结荚习性，茎长达数米，结荚期9～12月。主茎分枝数4.8个，鲜茎紫色、粗壮，茎粗15.6mm。叶片绿色，叶脉紫色。蝶形花，总状多花花序，长花序梗，花红色，旗瓣、翼瓣红色。单株荚果（成熟荚）数115个，荚果长7.4cm，中部最宽处1.8cm，眉形，向背弯曲，基部和顶端渐狭，荚色紫，腹线和背脊线紫色。每荚粒数4.0粒，籽粒长10.9mm、宽9.2mm，百粒重43.6g，籽粒近圆形、有紫黑花斑。当地农民认为该品种豆荚可作蔬菜，糯性好，高温下不结实。

【优异特性与利用价值】豆荚紫色，花红色，糯性好。嫩荚作蔬菜食用，籽粒食用，也可作为育种材料。

【濒危状况及保护措施建议】建议扩大种植面积，妥善异位保存。

49 吴兴白扁豆

【学　名】Leguminosae（豆科）*Lablab*（扁豆属）*Lablab purpureus*（扁豆）。
【采集地】浙江省湖州市吴兴区。

【主要特征特性】缠绕藤本，无限结荚习性，茎长达数米，结荚期7～11月。主茎分枝数2.3个，鲜茎绿色、较细，茎粗9.6mm。叶片绿色，叶脉绿色。蝶形花，总状多花花序，长花序梗，花白色，旗瓣、翼瓣白色。单株荚果（成熟荚）数46个，荚果长8.6cm，近顶端最宽处2.6cm，猫耳朵形，基部渐狭，荚色不均匀绿，背脊线和腹线绿色。每荚粒数4.2粒，籽粒长11.9mm、宽9.7mm，百粒重52.2g，籽粒近圆形、白色。当地农民认为该品种品质优，食用籽粒。

【优异特性与利用价值】白花、白色籽粒，嫩荚易纤维化，主要食用籽粒。为中药材，可开发功能食品，也可作为育种材料。

【濒危状况及保护措施建议】建议扩大种植面积，妥善异位保存。

50 武义白扁豆

【学 名】Leguminosae（豆科）*Lablab*（扁豆属）*Lablab purpureus*（扁豆）。
【采集地】浙江省金华市武义县。

【主要特征特性】缠绕藤本，无限结荚习性，茎长达数米，结荚期6～12月。主茎分枝数6.0个，鲜茎绿色、较粗，茎粗10.4mm。羽状复叶具3小叶，托叶披针形，小叶宽三角状卵形、宽与长相等，侧生小叶两边不等大、偏斜，叶片绿色，叶脉绿色。蝶形花，总状多花花序，长花序梗，花白色，旗瓣、翼瓣白色。单株荚果（成熟荚）数79个，荚果长7.5cm，中部最宽处1.9cm，扁平，月牙形，稍向背弯曲，基部和顶端渐狭，荚色浅绿，背脊线和腹线绿色。每荚粒数4.2粒，籽粒长11.6mm、宽8.6mm，百粒重39.6g，籽粒卵圆形、红褐色。当地农民认为该品种鲜荚软、口感好，抗旱性好，耐贫瘠。
【优异特性与利用价值】早熟，采荚期长，适应性强。药食两用，也可作为育种材料。
【濒危状况及保护措施建议】建议扩大种植面积，妥善异位保存。

51 萧山扁豆

【学　名】Leguminosae（豆科）*Lablab*（扁豆属）*Lablab purpureus*（扁豆）。
【采集地】浙江省杭州市萧山区。

【主要特征特性】缠绕藤本，无限结荚习性，茎长达数米，结荚期7～12月。主茎分枝数4.5个，鲜茎绿色、较粗，茎粗11.1mm。叶片绿色，叶脉绿色。蝶形花，总状多花花序，长花序梗，花白色，旗瓣、翼瓣白色。荚果长7.7cm，近顶端最宽处2.8cm，扁平，猫耳朵形，稍向背弯曲，基部渐狭，荚色浅绿，背脊线和腹线绿色。每荚粒数4.5粒，籽粒长12.1mm、宽9.1mm，百粒重50.5g，籽粒近圆形、红褐色。当地农民认为该品种品质优，抗旱、耐热、耐贫瘠。
【优异特性与利用价值】白花、籽粒红褐色。药食两用，也可作为育种材料。
【濒危状况及保护措施建议】建议扩大种植面积，妥善异位保存。

52 艳艳豆

【学　名】Leguminosae（豆科）*Lablab*（扁豆属）*Lablab purpureus*（扁豆）。
【采集地】浙江省嘉兴市嘉善县。

【主要特征特性】缠绕藤本，无限结荚习性，茎长达数米，结荚期6～12月。主茎分枝数4.5个，鲜茎紫色、粗壮，茎粗13.9mm。叶片绿色，叶脉紫色。蝶形花，总状多花花序，长花序梗，花红色，旗瓣、翼瓣红色。单株荚果（成熟荚）数77个，荚果长8.2cm，中部最宽处2.1cm，眉形，向背弯曲，基部和顶端渐狭，荚色紫，背脊线和腹线紫色。每荚粒数4.0粒，籽粒长11.3mm、宽9.3mm，百粒重42.8g，籽粒近圆形、紫黑色。
【优异特性与利用价值】红花、嫩荚紫色、籽粒紫黑色。嫩荚作蔬菜食用，也可作为育种材料。
【濒危状况及保护措施建议】建议扩大种植面积，妥善异位保存。

53 羊角扁节

【学　名】Leguminosae（豆科）*Lablab*（扁豆属）*Lablab purpureus*（扁豆）。

【采集地】浙江省杭州市淳安县。

【主要特征特性】缠绕藤本，无限结荚习性，茎长达数米，结荚期6～12月。主茎分枝数3.6个，鲜茎绿色带紫色、较细，茎粗9.4mm。叶片绿色，叶脉绿色。蝶形花，总状多花花序，长花序梗，花红色，旗瓣、翼瓣红色。单株荚果（成熟荚）数34个，荚果长10.0cm，中部最宽处2.6cm，扁平，月牙形，稍向背弯曲，基部和顶端渐狭，荚色浅绿，背脊线和腹线紫色。每荚粒数5.1粒，籽粒长13.0mm、宽9.1mm，百粒重48.5g，籽粒扁平、长椭圆形、紫黑色。当地农民认为该品种老扁荚纤维多，籽粒、茎、叶、根、豆荚皆可利用。

【优异特性与利用价值】红花、籽粒紫黑色。嫩荚作蔬菜食用，也可作为育种材料。

【濒危状况及保护措施建议】建议扩大种植面积，妥善异位保存。

54 羊眼豆

【学　名】Leguminosae（豆科）*Lablab*（扁豆属）*Lablab purpureus*（扁豆）。
【采集地】浙江省绍兴市诸暨市。

【主要特征特性】缠绕藤本，无限结荚习性，茎长达数米，结荚期7～12月。主茎分枝数5.0个，鲜茎浅红色、较粗，茎粗13.3mm。叶片绿色，叶脉浅紫色。蝶形花，总状多花花序，长花序梗，花红色，旗瓣、翼瓣红色。单株荚果（成熟荚）数112个，荚果长9.4cm，中部最宽处2.5cm，月牙形，荚鼓起，向背弯曲，基部和顶端渐狭，荚色黄绿色带红色，背脊线和腹线紫色。每荚粒数4.8粒，籽粒长11.8mm、宽8.8mm，百粒重42.1g，籽粒椭圆形、有紫黑花斑。当地农民认为该品种好吃、香、供应期长，鲜荚、籽粒均可以炒吃，耐贫瘠。
【优异特性与利用价值】红花、嫩荚黄绿色带红色、缝线紫色、籽粒有紫黑花斑。嫩荚作蔬菜食用，籽粒炒食，也可作为育种材料。
【濒危状况及保护措施建议】建议扩大种植面积，妥善异位保存。

55 药用白花扁豆

【学　名】Leguminosae（豆科）*Lablab*（扁豆属）*Lablab purpureus*（扁豆）。
【采集地】浙江省杭州市建德市。

【主要特征特性】缠绕藤本，无限结荚习性，茎长达数米，结荚期6～12月。主茎分枝数6.0个，鲜茎绿色、较细，茎粗9.7mm。叶片绿色，叶脉绿色。蝶形花，总状多花花序，长花序梗，花白色，旗瓣、翼瓣白色。单株荚果（成熟荚）数77个，荚果长8.9cm，中部最宽处2.2cm，扁平，月牙形，稍向背弯曲，基部和顶端渐狭，荚色浅绿，背脊线和腹线绿色。每荚粒数4.8粒，籽粒长11.2mm、宽8.7mm，百粒重41.1g，籽粒椭圆形、红褐色。当地农民自家食用、市场出售、饲用、药用，取花晒干后售出，用于制青霉素，花非常多。
【优异特性与利用价值】白花、嫩荚浅绿色、籽粒红褐色。药食两用，扁豆花晒干做药材，也可作为育种材料。
【濒危状况及保护措施建议】建议扩大种植面积，妥善异位保存。

56 永嘉白扁豆

【学　名】Leguminosae（豆科）*Lablab*（扁豆属）*Lablab purpureus*（扁豆）。
【采集地】浙江省温州市永嘉县。

【主要特征特性】缠绕藤本，无限结荚习性，茎长达数米，结荚期7～12月。主茎分枝数10.3个，鲜茎浅紫色、较细，茎粗9.3mm。叶片绿色，叶脉浅紫色。蝶形花，总状多花花序，长花序梗，花红色，旗瓣、翼瓣红色。单株荚果（成熟荚）数26个，荚果长7.1cm，近顶端最宽处2.4cm，猫耳朵形，基部渐狭，荚色紫、有光泽，背脊线和腹线紫色。每荚粒数4.5粒，籽粒长11.9mm、宽8.9mm，百粒重41.4g，籽粒近圆形、紫黑色。当地农民认为该品种耐贫瘠。
【优异特性与利用价值】红花、紫荚、籽粒紫黑色，豆荚肉质较厚。嫩荚作蔬菜食用，也可作为育种材料。
【濒危状况及保护措施建议】建议扩大种植面积，妥善异位保存。

57 舟山扁豆

【学　名】Leguminosae（豆科）*Lablab*（扁豆属）*Lablab purpureus*（扁豆）。
【采集地】浙江省舟山市定海区。

【主要特征特性】缠绕藤本，无限结荚习性，茎长达数米，结荚期7～12月。主茎分枝数3.8个，鲜茎紫红色、较粗，茎粗11.5mm。叶片绿色，叶脉紫红色。蝶形花，总状多花花序，长花序梗，花红色，旗瓣、翼瓣红色。荚果长15.6cm，中部最宽处2.8cm，柳叶形，顶端和基部渐狭，荚色浅绿带红，背脊线和腹线紫色。每荚粒数6.0粒，籽粒长13.6mm、宽9.2mm，百粒重49.7g，籽粒长椭圆形、有紫黑花斑。
【优异特性与利用价值】红花，嫩荚柳叶形，豆荚肉质较薄。浅绿色嫩荚作蔬菜食用，可作育种材料。
【濒危状况及保护措施建议】建议扩大种植面积，妥善异位保存。

58 紫边扁豆

【学　名】Leguminosae（豆科）*Lablab*（扁豆属）*Lablab purpureus*（扁豆）。
【采集地】浙江省嘉兴市平湖市。

【主要特征特性】缠绕藤本，无限结荚习性，茎长达数米，结荚期7～12月。主茎分枝数3.0个，鲜茎浅紫色、较粗，茎粗11.9mm。叶片绿色，叶脉浅紫色。蝶形花，总状多花花序，长或短花序梗，花红色，旗瓣、翼瓣红色。荚果长15.9cm，中部最宽处3.4cm，豆荚大，船形，荚鼓起，基部和顶端渐狭，荚色不均匀绿，背脊线和腹线紫黑色。每荚粒数5.2粒，籽粒长14.9mm、宽9.7mm，百粒重60.0g，籽粒长椭圆形、有紫黑花斑。当地农民认为该品种嫩荚可作蔬菜。
【优异特性与利用价值】红花、籽粒有紫黑花斑，荚不均匀绿色、腹缝线和背脊均为紫黑色、荚大，籽粒大，耐寒。嫩荚作蔬菜食用，也可作为育种材料。
【濒危状况及保护措施建议】建议扩大种植面积，妥善异位保存。

59 紫扁节

【学　名】Leguminosae（豆科）*Lablab*（扁豆属）*Lablab purpureus*（扁豆）。
【采集地】浙江省杭州市淳安县。

【主要特征特性】缠绕藤本，无限结荚习性，茎长达数米，结荚期6～12月，深秋大量结荚。主茎分枝数3.3个，鲜茎紫色、较细，茎粗10.0mm。叶片绿色，叶脉浅紫色。蝶形花，总状多花花序，长花序梗，花红色，旗瓣、翼瓣红色。单株荚果（成熟荚）数34个，荚果长13.9cm，中部最宽处2.6cm，扁平，长圆状镰刀形，豆荚表面不平，向背弯曲，基部和顶端渐狭，荚色紫，背脊线和腹线紫色。每荚粒数5.5粒，籽粒长14.4mm、宽9.4mm，百粒重53.5g，籽粒扁平、长椭圆形、黑色或有褐斑。当地农民认为该品种籽粒、茎、叶、根都可以利用，食用和药用。
【优异特性与利用价值】红花、紫荚，荚镰刀形，籽粒大，豆荚肉质薄，耐寒，结荚量大。嫩荚作蔬菜食用，籽粒药食两用，也可作为育种材料。
【濒危状况及保护措施建议】建议扩大种植面积，妥善异位保存。

60 紫豆角

【学　名】Leguminosae（豆科）*Lablab*（扁豆属）*Lablab purpureus*（扁豆）。
【采集地】浙江省嘉兴市桐乡市。

【主要特征特性】缠绕藤本，无限结荚习性，茎长达数米，结荚期7～12月。主茎分枝数3.2个，鲜茎浅紫色、较细，茎粗9.4mm，分枝多，生长势强。叶片绿色，叶柄、叶脉紫色。蝶形花，总状多花花序，长花序梗，花红色，旗瓣、翼瓣红色，旗瓣圆形。荚果长7.9cm，中部最宽处2.2cm，眉形，中部最宽、厚，基部和顶端渐狭，荚色紫，背脊线和腹线紫色。每荚粒数5.0粒，籽粒长11.2mm、宽9.4mm，百粒重46.8g，籽粒近圆形、黑色。当地农民认为该品种品质优，抗逆性强。
【优异特性与利用价值】红花、紫荚，豆荚肉质厚，耐寒。嫩荚作蔬菜食用，也可作为育种材料。
【濒危状况及保护措施建议】建议扩大种植面积，妥善异位保存。

第六章

浙江省绿豆种质资源

1 安吉野生绿豆

【学　名】Leguminosae（豆科）*Vigna*（豇豆属）*Vigna radiata*（绿豆）。
【采集地】浙江省湖州市安吉县。

【主要特征特性】野生绿豆，缠绕草本，蔓生，无限结荚习性，具有感光性，秋季短日照下开花，全生育期182天。茎较细，幼茎绿色，对生叶卵圆形，羽状复叶具3小叶，披针形。蝶形花，总状花序腋生，翼瓣、旗瓣均为浅紫色，花大、浅紫色。荚果长117.7mm、宽6.4mm，荚果扁圆形、平展，成熟荚褐色，荚果上有褐色茸毛，成熟后可自动开裂。每荚粒数10.1粒，籽粒长5.6mm、宽4.1mm，百粒重5.8g，籽粒近肾形、黑色或有花斑、表面光，种脐白色、凹陷。

【优异特性与利用价值】野生资源，具有豇豆和绿豆的特点，籽粒近肾形，一面黑色或有花斑。可作为育种材料利用。

【濒危状况及保护措施建议】建议扩大种植面积，妥善异位保存。

2 黑荚绿豆

【学　名】Leguminosae（豆科）*Vigna*（豇豆属）*Vigna radiata*（绿豆）。
【采集地】浙江省金华市浦江县。

【主要特征特性】地方品种，半蔓生，无限结荚习性。4月15日播种，6月6日始花，7月上旬采荚，全生育期86天。株高81.5cm，主茎节数11.5节，主茎分枝数4.0个。幼茎紫色，对生叶披针形。蝶形花，总状花序腋生，花黄色。单株荚果数43.0个，荚果长100.8mm、宽5.4mm，荚果圆筒形、平展，成熟后褐色。每荚粒数13.6粒，籽粒长4.8mm、宽3.8mm，百粒重5.5g，籽粒长柱形、绿色、表面光，种脐白色。当地农民认为该品种品质优，耐贫瘠。
【优异特性与利用价值】幼茎紫色，成熟荚褐色、圆筒形，籽粒长柱形、表面光、绿色。可作为育种材料利用。
【濒危状况及保护措施建议】建议扩大种植面积，妥善异位保存。

3 黄荚绿豆

【学　名】Leguminosae（豆科）*Vigna*（豇豆属）*Vigna radiata*（绿豆）。
【采集地】浙江省金华市浦江县。

【主要特征特性】地方品种，直立生长，无限结荚习性。4月15日播种，6月6日始花，7月上旬采荚，全生育期86天。株高58.5cm，主茎节数11.5节，主茎分枝数3.5个。幼茎紫色，对生叶披针形。蝶形花，总状花序腋生，花浅黄色。单株荚果39.5个，荚果长93.2mm、宽5.0mm，荚果圆筒形、平展，成熟后黄白色。每荚粒数11.6粒，籽粒长5.1mm、宽3.9mm，百粒重5.8g，籽粒长柱形、绿色、表面光，种脐白色。当地农民认为该品种品质优，耐贫瘠，食用和作加工原料。

【优异特性与利用价值】幼茎紫色，成熟荚黄白色、圆筒形，籽粒长柱形、表面光、绿色。可作为育种材料利用。

【濒危状况及保护措施建议】建议扩大种植面积，妥善异位保存。

4 嘉善绿豆

【学　名】Leguminosae（豆科）*Vigna*（豇豆属）*Vigna radiata*（绿豆）。
【采集地】浙江省嘉兴市嘉善县。

【主要特征特性】地方品种，直立生长，无限结荚习性。4月15日播种，6月6日始花，6月下旬采荚，全生育期77天。株高54.3cm，主茎节数12.0节，主茎分枝数5.2个。幼茎紫色，对生叶披针形。蝶形花，总状花序腋生，花浅黄色。单株荚果数21.4个，荚果长123.0mm、宽5.9mm，荚果扁圆形、平展，成熟后黑色。每荚粒数12.6粒，籽粒长4.9mm、宽3.7mm，百粒重5.1g，籽粒长柱形、绿色、表面光，种脐白色。
【优异特性与利用价值】抗逆性强，早熟，采荚期长，籽粒长柱形、表面光、绿色。绿豆可以煮粥，制作绿豆粉丝、绿豆糕、绿豆芽，绿豆还具有清热解毒的作用，可作为夏季消暑佳品，也可作为育种材料利用。
【濒危状况及保护措施建议】建议扩大种植面积，妥善异位保存。

5 嘉善野生绿豆

【学　名】Leguminosae（豆科）*Vigna*（豇豆属）*Vigna radiata*（绿豆）。

【采集地】浙江省嘉兴市嘉善县。

【主要特征特性】野生绿豆，蔓生，无限结荚习性，具感光性。4月15日播种，8月下旬始花，9月下旬采荚，全生育期176天。幼茎紫色，对生叶卵圆形。蝶形花，总状花序腋生，旗瓣外面黄绿色、里面黄绿色带紫色，翼瓣浅黄色，花浅黄色。荚果长63.2mm、宽3.8mm，荚果圆筒形、平展，成熟荚褐色，被褐色散生的长硬毛。每荚粒数12.6粒，籽粒长3.3mm、宽2.8mm，百粒重1.8g，籽粒短柱形、褐色、表面光，种脐白色。

【优异特性与利用价值】野生资源，蔓生，籽粒短柱形、表面光、褐色。可作为育种资源。

【濒危状况及保护措施建议】建议扩大种植面积，妥善异位保存。

6 嘉兴绿豆

【学　名】Leguminosae（豆科）*Vigna*（豇豆属）*Vigna radiata*（绿豆）。
【采集地】浙江省嘉兴市桐乡市。

【主要特征特性】地方品种，直立生长，无限结荚习性。7月5日播种，8月2日始花，8月25日采荚，全生育期50天（夏播）。株高53.0cm，主茎节数14.6节，主茎分枝数2.8个，茎粗8.2mm。幼茎紫色，对生叶披针形。蝶形花，总状花序腋生，旗瓣外面黄绿色、里面黄绿色带紫色，翼瓣卵形、浅黄色，花浅黄色。荚果长95.8mm、宽6.24mm，荚果圆筒形、平展，成熟荚黑色。每荚粒数9.9粒，籽粒长5.2mm、宽3.9mm，百粒重4.9g，籽粒长柱形、绿色、表面光，种脐白色。当地农民认为该品种品质优。
【优异特性与利用价值】籽粒长柱形、表面光，绿色。绿豆可以煮粥，制作绿豆粉丝、绿豆糕、绿豆芽，绿豆还具有清热解毒的作用，可作为夏季消暑佳品，也可作为育种材料利用。
【濒危状况及保护措施建议】建议扩大种植面积，妥善异位保存。

7 建德绿豆

【学　名】Leguminosae（豆科）*Vigna*（豇豆属）*Vigna radiata*（绿豆）。
【采集地】浙江省杭州市建德市。

【主要特征特性】地方品种，直立生长，无限结荚习性。4月15日播种，6月6日始花，7月上旬采荚，全生育期86天。株高90.0cm，主茎节数14.3节，主茎分枝数3.5个。幼茎紫色，对生叶披针形。蝶形花，总状花序腋生，旗瓣外面黄绿色、里面黄绿色带紫色，翼瓣黄色，花黄色。单株荚果数18.9个，荚果长130.8mm、宽5.4mm，荚果圆筒形、平展，成熟荚黑色。每荚粒数16.2粒，籽粒长5.3mm、宽3.9mm，百粒重6.1g，籽粒长柱形、绿色、表面毛，种脐白色。当地农民自家食用、药用、饲用。
【优异特性与利用价值】幼茎紫色，成熟荚黑色、圆筒形，籽粒长柱形、表面毛、绿色。绿豆可以煮粥，制作绿豆粉丝、绿豆糕、绿豆芽，绿豆还具有清热解毒的作用，可作为夏季消暑佳品，也可作为育种材料利用。
【濒危状况及保护措施建议】建议扩大种植面积，妥善异位保存。

8 金塘绿豆

【学　名】Leguminosae（豆科）*Vigna*（豇豆属）*Vigna radiata*（绿豆）。
【采集地】浙江省舟山市定海区。

【主要特征特性】地方品种，半蔓生，无限结荚习性。4月15日播种，6月1日始花，7月上旬采荚，全生育期86天。株高67.0cm，主茎节数13.0个，主茎分枝数3.0个。幼茎紫色，对生叶披针形。蝶形花，总状花序腋生，旗瓣外面黄绿色、里面黄绿色带紫色，翼瓣浅黄色，花浅黄色。单株荚果数35.7个，荚果长97.6mm、宽5.3mm，荚果圆筒形、平展，成熟荚黑色，被褐色散生的长硬毛。每荚粒数12.6粒，籽粒长4.8mm、宽3.6mm，百粒重4.6g，籽粒长圆柱形、绿色、表面毛，种脐白色。
【优异特性与利用价值】成熟荚黑色，籽粒长柱形、表面毛、绿色。绿豆可以煮粥，制作绿豆粉丝、绿豆糕、绿豆芽，绿豆还具有清热解毒的作用，可作为夏季消暑佳品，也可作为育种材料利用。
【濒危状况及保护措施建议】建议扩大种植面积，妥善异位保存。

9 景宁绿豆

【学　名】Leguminosae（豆科）*Vigna*（豇豆属）*Vigna radiata*（绿豆）。
【采集地】浙江省丽水市景宁县。

【主要特征特性】地方品种，蔓生，无限结荚习性。4月15日播种，6月4日始花，7月上旬采荚，全生育期86天。株高73.0cm，主茎节数11.0节，主茎分枝数3.0个。幼茎绿色，对生叶披针形。蝶形花，总状花序腋生，旗瓣外面黄绿色、里面黄绿色带紫色，翼瓣浅黄色，花浅黄色。单株荚果数38.5个，荚果长98.0mm、宽7.2mm，荚果圆筒形、平展，成熟荚褐色。每荚粒数12.6粒，籽粒长5.3mm、宽3.9mm，百粒重5.7g，籽粒长柱形、绿色、表面光，种脐白色。
【优异特性与利用价值】幼茎绿色，成熟荚黑色、圆筒形，籽粒长柱形、表面光、绿色。绿豆可以煮粥，制作绿豆粉丝、绿豆糕、绿豆芽，绿豆还具有清热解毒的作用，可作为夏季消暑佳品，也可作为育种材料利用。
【濒危状况及保护措施建议】建议扩大种植面积，妥善异位保存。

10 开化绿豆

【学　名】Leguminosae（豆科）*Vigna*（豇豆属）*Vigna radiata*（绿豆）。
【采集地】浙江省衢州市开化县。

【主要特征特性】地方品种，半蔓生，无限结荚习性。4月15日播种，6月4日始花，7月上旬采荚，全生育期84天。株高53.0cm，主茎节数10.2节，主茎分枝数4.5个。幼茎紫色，对生叶披针形。蝶形花，总状花序腋生，旗瓣外面黄绿色、里面黄绿色带紫色，翼瓣浅黄色，花浅黄色。单株荚果数23.3个，荚果长122.8mm，宽5.9mm，荚果扁圆形、平展，成熟荚黑色，被淡褐色散生的长硬毛，籽粒间多少收缩。每荚粒数14.0粒，籽粒长5.3mm、宽3.9mm，百粒重6.3g，籽粒长柱形、绿色、表面光（少量短毛），种脐白色。当地农民认为该品种品质优，抗旱、耐寒、耐热、耐涝、耐贫瘠。
【优异特性与利用价值】幼茎紫色，成熟荚扁圆形、黑色，籽粒长柱形、表面光、绿色。绿豆可以煮粥，制作绿豆粉丝、绿豆糕、绿豆芽，绿豆还具有清热解毒的作用，可作为夏季消暑佳品，也可作为育种材料利用。
【濒危状况及保护措施建议】建议扩大种植面积，妥善异位保存。

11 灵昆绿豆

【学　名】Leguminosae（豆科）*Vigna*（豇豆属）*Vigna radiata*（绿豆）。
【采集地】浙江省温州市洞头区。

【主要特征特性】地方品种，半蔓生，有限结荚习性。7月5日播种，8月2日始花，8月25日采荚，全生育期78天。株高57.6cm，主茎节数13.8节，主茎分枝数3.8个，茎粗10.1mm。幼茎紫色，对生叶披针形。蝶形花，总状花序腋生，旗瓣外面黄绿色、里面黄绿色带紫色，翼瓣浅黄色，花浅黄色。荚果长108.3mm、宽6.6mm，荚果圆筒形，成熟荚黄白色。每荚粒数10.5粒，籽粒长5.6mm，宽4.1mm，百粒重5.9g，籽粒长柱形、绿色、表面光，种脐白色。当地农民认为该品种品质优，抗旱、耐寒、耐热、耐涝、耐贫瘠。

【优异特性与利用价值】幼茎紫色，成熟荚黄白色，籽粒长柱形、表面光、绿色。绿豆可以煮粥，制作绿豆粉丝、绿豆糕、绿豆芽，绿豆还具有清热解毒的作用，可作为夏季消暑佳品，也可作为育种材料利用。

【濒危状况及保护措施建议】建议扩大种植面积，妥善异位保存。

12 龙游野绿豆

【学　名】Leguminosae（豆科）*Vigna*（豇豆属）*Vigna radiata*（绿豆）。
【采集地】浙江省衢州市龙游县。

【主要特征特性】地方品种，半蔓生，无限结荚习性。4月15日播种，6月10日始花，7月上旬采荚，全生育期84天。株高52.2cm，主茎节数12.5节，主茎分枝数5.8个，茎粗8.0mm。幼茎紫色，对生叶披针形，羽状复叶具3小叶，小叶卵圆形，侧生小叶偏斜、全缘。蝶形花，总状花序腋生，有数朵，旗瓣外面黄绿色、里面黄绿色带紫色，翼瓣浅黄色，龙骨瓣镰刀状、绿色，花浅黄色。单株荚果数46.4个，荚果长104.8mm、宽5.5mm，荚果扁圆形、平展，成熟荚黑色。每荚粒数13.2粒，籽粒长5.0mm、宽3.7mm，百粒重5.4g，籽粒长柱形、绿色或黄绿色、表面光，种脐白色。
【优异特性与利用价值】幼茎紫色，抗性较强，籽粒长柱形、表面光、绿色或黄绿色。绿豆可以煮粥，制作绿豆粉丝、绿豆糕、绿豆芽，绿豆还具有清热解毒的作用，可作为夏季消暑佳品，也可作为育种材料利用。
【濒危状况及保护措施建议】建议扩大种植面积，妥善异位保存。

13 路桥绿豆

【学　名】Leguminosae（豆科）*Vigna*（豇豆属）*Vigna radiata*（绿豆）。
【采集地】浙江省台州市路桥区。

【主要特征特性】地方品种，半蔓生，无限结荚习性。4月15日播种，6月10日始花，7月上旬采荚，全生育期84天。株高71.0cm，主茎节数14.7节，主茎分枝数3.0个。幼茎紫色，对生叶披针形。蝶形花，总状花序腋生，有数朵，旗瓣外面黄绿色、里面黄绿色带紫色，翼瓣浅黄色，龙骨瓣镰刀状、绿色，花浅黄色。单株荚果数19.8个，荚果长136.0mm、宽5.8mm，荚果羊角形、平展，成熟荚黑色，被褐色散生的长硬毛，籽粒间多少收缩。每荚粒数13.2粒，籽粒长5.0mm、宽3.8mm，百粒重5.1g，籽粒长柱形、绿色、表面毛，种脐白色。当地农民认为该品种品质优，耐热。
【优异特性与利用价值】幼茎紫色，成熟荚黑色、羊角形，籽粒长柱形、表面毛、绿色。绿豆可以煮粥，制作绿豆粉丝、绿豆糕、绿豆芽，绿豆还具有清热解毒的作用，可作为夏季消暑佳品，也可作为育种材料利用。
【濒危状况及保护措施建议】建议扩大种植面积，妥善异位保存。

14 宁海绿豆

【学　名】Leguminosae（豆科）*Vigna*（豇豆属）*Vigna radiata*（绿豆）。
【采集地】浙江省宁波市宁海县。

【主要特征特性】地方品种，半蔓生，无限结荚习性。4月15日播种，6月10日始花，7月上旬采荚，全生育期84天。株高54.0cm，主茎节数9.7节，主茎分枝数4.7个。幼茎紫色，对生叶披针形。蝶形花，总状花序腋生，旗瓣近方形，外面黄绿色、里面黄绿色带紫色，翼瓣黄色，花黄色。单株荚果数54.3个，荚果长114.4mm、宽6.1mm，荚果扁圆形或圆筒形、平展，成熟荚黑色，被褐色散生的长硬毛。每荚粒数13.0粒，籽粒长4.7mm、宽3.7mm，百粒重5.0g，籽粒长柱形、绿色、表面光，种脐白色。当地农民认为该品种品质优。
【优异特性与利用价值】幼茎紫色，成熟荚扁圆形或圆筒形、黑色，籽粒长柱形、表面光、绿色。绿豆可以煮粥，制作绿豆粉丝、绿豆糕、绿豆芽，绿豆还具有清热解毒的作用，可作为夏季消暑佳品，也可作为育种材料利用。
【濒危状况及保护措施建议】建议扩大种植面积，妥善异位保存。

15 桐乡绿豆

【学　名】Leguminosae（豆科）*Vigna*（豇豆属）*Vigna radiata*（绿豆）。
【采集地】浙江省嘉兴市桐乡市。

【主要特征特性】地方品种，半蔓生，无限结荚习性。4月15日播种，6月4日始花，7月上旬采荚，全生育期86天。株高61.0cm，主茎节数10.3节，主茎分枝数5.5个。幼茎紫色，对生叶披针形。蝶形花，总状花序腋生，有数朵，旗瓣外面黄绿色、里面黄绿色带紫色，翼瓣卵形、黄色，龙骨瓣镰刀状、绿色，花黄色。单株荚果数51.6个，荚果长120.4mm、宽5.9mm，荚果扁圆形、平展，成熟荚黑色，被褐色散生的长硬毛。每荚粒数12.2粒，籽粒长5.2mm、宽3.8mm，百粒重5.7g，籽粒长柱形、绿色、表面光，种脐白色。当地农民认为该品种食用味道香。
【优异特性与利用价值】籽粒长柱形、表面光、绿色。绿豆可以煮粥，制作绿豆粉丝、绿豆糕、绿豆芽，绿豆还具有清热解毒的作用，可作为夏季消暑佳品，也可作为育种材料利用。
【濒危状况及保护措施建议】建议扩大种植面积，妥善异位保存。

16 温绿83

【学　名】Leguminosae（豆科）*Vigna*（豇豆属）*Vigna radiata*（绿豆）。
【采集地】浙江省台州市温岭市。

【主要特征特性】地方品种，半直立生长，无限结荚习性。4月15日播种，6月4日始花，7月上旬采荚，全生育期70天，荚果变黑即可分批采收，采收期20～30天，早熟。株高89.0cm，主茎节数14.5节，主茎分枝数3.3个。幼茎紫色，对生叶披针形。蝶形花，总状花序腋生，旗瓣外面黄绿色、里面黄绿色带紫色，翼瓣黄色，花黄色。荚果长112.4mm、宽5.2mm，荚果圆筒形、平展，成熟荚黑色，被褐色散生的长硬毛。每荚粒数16.2粒，籽粒长4.8mm、宽3.7mm，百粒重4.8g，籽粒长柱形、绿色，种脐白色，种皮薄、无光泽、无蜡质。当地农民认为该品种品质优，耐盐碱、抗旱、耐热、耐贫瘠，肉质细糯可口，品质佳。
【优异特性与利用价值】籽粒长柱形、表面光或毛、绿色。绿豆可以煮粥，制作绿豆粉丝、绿豆糕、绿豆芽，绿豆还具有清热解毒的作用，可作为夏季消暑佳品，也可作为育种材料利用。
【濒危状况及保护措施建议】建议扩大种植面积，妥善异位保存。

17 武义绿豆

【学　名】Leguminosae（豆科）*Vigna*（豇豆属）*Vigna radiata*（绿豆）。
【采集地】浙江省金华市武义县。

【主要特征特性】地方品种，直立生长，无限结荚习性。4月15日播种，6月7日始花，7月上旬采荚，全生育期86天。株高64.0cm，主茎节数11.7节，主茎分枝数3.2个。幼茎紫色，对生叶披针形。蝶形花，总状花序腋生，旗瓣外面黄绿色、里面黄绿色带紫色，翼瓣黄色，花黄色。单株荚果数28.5个，荚果长102.6mm、宽5.3mm，荚果圆筒形、平展，成熟荚黄白色，被淡褐色散生的长硬毛。每荚粒数12.6粒，籽粒长5.0mm、宽3.8mm，百粒重5.8g，籽粒长柱形、绿色、表面光，种脐白色。当地农民认为该品种品质优，种植年限久，食用。
【优异特性与利用价值】成熟荚黄白色，籽粒长柱形、表面光、绿色。绿豆可以煮粥，制作绿豆粉丝、绿豆糕、绿豆芽，嫩荚可食用，绿豆还具有清热解毒的作用，可作为夏季消暑佳品，也可作为育种材料利用。
【濒危状况及保护措施建议】建议扩大种植面积，妥善异位保存。

18 萧山绿豆

【学 名】Leguminosae（豆科）*Vigna*（豇豆属）*Vigna radiata*（绿豆）。
【采集地】浙江省杭州市萧山区。

【主要特征特性】地方品种，直立生长，无限结荚习性。4月15日播种，6月4日始花，7月上旬采荚，全生育期84天。株高60.0cm，主茎节数9.5节，主茎分枝数4.2个。幼茎紫色，对生叶披针形。蝶形花，总状花序腋生，有数朵，旗瓣外面黄绿色、里面黄绿色带紫色，翼瓣黄色，花黄色。单株荚果数35.4个，荚果长123.8mm、宽6.1mm，荚果羊角形、平展，成熟荚黑色。每荚粒数13.4粒，籽粒长5.4mm、宽3.9mm，百粒重6.3g，籽粒长柱形、绿色、表面光，种脐白色。当地农民认为该品种品质优，抗旱。
【优异特性与利用价值】成熟荚黑色、羊角形，籽粒长柱形、表面光、绿色。绿豆可以煮粥，制作绿豆粉丝、绿豆糕、绿豆芽，绿豆还具有清热解毒的作用，可作为夏季消暑佳品，也可作为育种材料利用。
【濒危状况及保护措施建议】建议扩大种植面积，妥善异位保存。

19 小黑豆

【学　名】Leguminosae（豆科）*Vigna*（豇豆属）*Vigna radiata*（绿豆）。
【采集地】浙江省湖州市长兴县。

【主要特征特性】野生绿豆，一年生草本植物，蔓生，无限结荚习性。4月15日播种，9月26日始花，10月15日采荚，全生育期176天。幼茎绿色，对生叶卵圆形。蝶形花，总状花序腋生，旗瓣外面黄绿色、里面黄绿色带紫色，翼瓣黄色，花黄色。荚果长56.0mm、宽4.0mm，荚果圆筒形、平展，成熟荚褐色。每荚粒数10.0粒，籽粒长3.3mm、宽2.8mm，百粒重2.0g，籽粒短柱形、褐色、表面光，种脐白色。
【优异特性与利用价值】野生资源，籽粒短柱形、褐色。绿豆可以煮粥，制作绿豆粉丝、绿豆糕、绿豆芽，绿豆还具有清热解毒的作用，可作为夏季消暑佳品，也可作为育种材料利用。
【濒危状况及保护措施建议】建议扩大种植面积，妥善异位保存。

20 小沙绿豆

【学　名】Leguminosae（豆科）*Vigna*（豇豆属）*Vigna radiata*（绿豆）。
【采集地】浙江省舟山市定海区。

【主要特征特性】地方品种，半蔓生，无限结荚习性。4月15日播种，6月4日始花，7月上旬采荚，全生育期86天。株高59.0cm，主茎节数14.0节，主茎分枝数4.4个，茎粗8.3mm。幼茎紫色或绿色，对生叶披针形。蝶形花，总状花序腋生，旗瓣外面黄绿色、里面黄绿色带紫色，翼瓣浅黄色，花浅黄色。单株荚果数28.8个，荚果长111.2mm、宽5.5mm，荚果圆筒形、平展，成熟荚黑色，被褐色散生的长硬毛。每荚粒数13.6粒，籽粒长4.9mm、宽3.7mm，百粒重5.3g，籽粒长柱形、短圆柱形或球形，绿色，表面光或毛，种脐白色。
【优异特性与利用价值】早熟，籽粒绿色、表面光或毛。绿豆可以煮粥，制作绿豆粉丝、绿豆糕、绿豆芽，绿豆还具有清热解毒的作用，可作为夏季消暑佳品，也可作为育种材料利用。
【濒危状况及保护措施建议】建议扩大种植面积，妥善异位保存。

21 义乌野生绿豆

【学　名】Leguminosae（豆科）*Vigna*（豇豆属）*Vigna radiata*（绿豆）。
【采集地】浙江省金华市义乌市。

【主要特征特性】野生绿豆，蔓生，无限结荚习性。4月15日播种，8月下旬始花，9月下旬采荚，全生育期162天。幼茎绿色，对生叶卵圆形或披针形。蝶形花，总状花序腋生，旗瓣外面黄绿色、里面黄绿色带紫色，翼瓣黄色，花黄色。荚果长60.4mm、宽4.3mm，荚果扁圆形或圆筒形、平展，成熟荚黑色。每荚粒数11.0粒，籽粒长3.3mm、宽2.8mm，百粒重2.1g，籽粒短柱形或长柱形、褐色或绿色、表面毛，种脐白色。当地农民认为该品种抗旱、耐寒、耐热、耐贫瘠。

【优异特性与利用价值】野生资源，产量低，籽粒短柱形或长柱形、褐色或绿色。绿豆可以煮粥，制作绿豆粉丝、绿豆糕、绿豆芽，绿豆还具有清热解毒的作用，可作为夏季消暑佳品，也可作为育种材料利用。

【濒危状况及保护措施建议】建议扩大种植面积，妥善异位保存。

第七章

浙江省刀豆种质资源

1 苍南刀豆

【学　名】Fabaceae（豆科）*Canavalia*（刀豆属）*Canavalia ensiformis*（刀豆）。

【采集地】浙江省温州市苍南县。

【主要特征特性】地方品种。全生育期170天。缠绕草本，长达数米，蔓生，无限结荚习性。鲜茎黄绿色。无根瘤，花浅紫色，总状多花花序。叶卵圆形，复叶叶型无须，叶色绿，落叶性难。荚果长27.7cm、宽4.4cm，荚色黄白，荚质硬，荚形长扁条，荚果带状略弯曲，荚面微凸，不易裂荚。每荚粒数7.0粒，百粒鲜重178.8g。籽粒长椭圆形，种皮红褐色、微褶皱、不裂纹、无斑纹，种脐黑灰色。当地农民认为该品种抗逆性强、适应性广。

【优异特性与利用价值】特色豆，抗逆性强，适应性广。可用于保健食品加工、生态旅游。

【濒危状况及保护措施建议】少数农户零星种植，已很难收集到。建议异位妥善保存，并结合发展健康食品和生态旅游，扩大种植面积。

2 淳安刀豆

【学　名】Fabaceae（豆科）*Canavalia*（刀豆属）*Canavalia ensiformis*（刀豆）。
【采集地】浙江省杭州市淳安县。

【主要特征特性】地方品种。全生育期165天。缠绕草本，长达数米，蔓生，无限结荚习性。鲜茎绿色，茎秆强度较强，抗倒伏性差。无根瘤。花浅紫色，总状多花花序。叶卵圆形，复叶叶型无须，叶色绿，落叶性难。荚果长24.9cm、宽4.0cm，荚色黄白，荚质硬，荚形长扁条，荚果带状略弯曲，荚面微凸，不易裂荚。每荚粒数9.7粒，百粒鲜重181.3g，籽粒长椭圆形，种皮红褐色、微褶皱、不裂纹、无斑纹，种脐黑灰色。
【优异特性与利用价值】特色豆。可用于保健食品加工、生态旅游。
【濒危状况及保护措施建议】少数农户零星种植，已很难收集到。建议异位妥善保存，并结合发展健康食品和生态旅游，扩大种植面积。

3 大莱刀豆

【学　名】Fabaceae（豆科）*Canavalia*（刀豆属）*Canavalia ensiformis*（刀豆）。
【采集地】浙江省金华市武义县。

【主要特征特性】地方品种。全生育期165天。缠绕草本，长达数米，蔓生，无限结荚习性。鲜茎绿色。无根瘤。花浅紫色，总状多花花序。叶卵圆形，复叶叶型无须，叶色绿，落叶性难。荚果长24.3cm、宽3.9cm，荚色黄白，荚质硬，荚形长扁条，荚果带状略弯曲，荚面微凸，不易裂荚。每荚粒数10.3粒，百粒鲜重150.0g，籽粒长椭圆形，种皮红褐色、微褶皱、不裂纹、无斑纹，种脐黑灰色。当地农民以嫩荚食用，补肾，易熟，口感好。

【优异特性与利用价值】特色豆，抗逆性强，适应性广。可用于保健食品加工、生态旅游。

【濒危状况及保护措施建议】少数农户零星种植，已很难收集到。建议异位妥善保存，并结合发展健康食品和生态旅游，扩大种植面积。

4 刀豆-1

【学 名】Fabaceae（豆科）*Canavalia*（刀豆属）*Canavalia ensiformis*（刀豆）。
【采集地】不详。

【主要特征特性】地方品种。全生育期170天。缠绕草本，长达数米，蔓生，无限结荚习性。鲜茎绿色。无根瘤。花浅紫色，总状多花花序。叶卵圆形，复叶叶型无须，叶色绿，落叶性难。荚果长24.5cm、宽4.2cm，荚色黄白，荚质硬，荚形长扁条，荚果带状略弯曲，荚面微凸，不易裂荚。每荚粒数8.3粒，百粒鲜重235.2g，籽粒长椭圆形，种皮红褐色、微褶皱、不裂纹、无斑纹，种脐黑灰色。当地农民认为该品种抗逆性强、适应性广。

【优异特性与利用价值】特色豆。可用于保健食品加工、生态旅游。

【濒危状况及保护措施建议】少数农户零星种植，已很难收集到。建议异位妥善保存，并结合发展健康食品和生态旅游，扩大种植面积。

5 刀豆-2

【学　名】Fabaceae（豆科）*Canavalia*（刀豆属）*Canavalia ensiformis*（刀豆）。

【采集地】不详。

【主要特征特性】地方品种。全生育期170天。缠绕草本，长达数米，蔓生，无限结荚习性。鲜茎黄绿色。无根瘤。花浅紫色，总状多花花序。叶卵圆形，复叶叶型无须，叶色绿，落叶性难。荚果长33.2cm、宽4.4cm，荚色黄白，荚质硬，荚形长扁条，荚果带状略弯曲，荚面微凸，不易裂荚。每荚粒数10.3粒，百粒鲜重187.5g，籽粒长椭圆形，种皮红褐色、微褶皱、不裂纹、无斑纹，种脐黑灰色。当地农民认为该品种抗逆性强、适应性广。

【优异特性与利用价值】特色豆，抗逆性强，适应性广。可用于保健食品加工、生态旅游。

【濒危状况及保护措施建议】少数农户零星种植，已很难收集到。建议异位妥善保存，并结合发展健康食品和生态旅游，扩大种植面积。

6 刀豆-3

【学　名】Fabaceae（豆科）*Canavalia*（刀豆属）*Canavalia ensiformis*（刀豆）。
【采集地】不详。

【主要特征特性】地方品种。全生育期170天。缠绕草本，长达数米，蔓生，无限结荚习性。鲜茎黄绿色。无根瘤。花白色，总状多花花序。叶卵圆形，复叶叶型无须，叶色绿，落叶性难。荚果长25.3cm、宽3.9cm，荚色黄白，荚质硬，荚形长扁条，荚果带状略弯曲，荚面微凸，不易裂荚。每荚粒数10.3粒，百粒鲜重150.3g，籽粒长椭圆形，种皮红褐色、微褶皱、不裂纹、无斑纹，种脐黑灰色。当地农民认为该品种抗逆性强、适应性广。

【优异特性与利用价值】特色豆，抗逆性强，适应性广。可用于保健食品加工、生态旅游。

【濒危状况及保护措施建议】少数农户零星种植，已很难收集到。建议异位妥善保存，并结合发展健康食品和生态旅游，扩大种植面积。

7 刀豆-4

【学　名】Fabaceae（豆科）*Canavalia*（刀豆属）*Canavalia ensiformis*（刀豆）。
【采集地】不详。

【主要特征特性】地方品种。全生育期170天。缠绕草本，长达数米，蔓生，无限结荚习性。鲜茎黄绿色。无根瘤。花粉白色，总状多花花序。叶卵圆形，复叶叶型无须，叶色绿，落叶性难。荚果长27.5cm、宽4.1cm，荚果黄白，荚质硬，荚形长扁条，带状略弯曲，荚面微凸，不易裂荚。每荚粒数10.3粒，百粒鲜重158.0g，籽粒长椭圆形，种皮红褐色、微褶皱、不裂纹、无斑纹，种脐黑灰色。
【优异特性与利用价值】特色豆，抗逆性强，适应性广。可用于保健食品加工、生态旅游。
【濒危状况及保护措施建议】少数农户零星种植，已很难收集到。建议异位妥善保存，并结合发展健康食品和生态旅游，扩大种植面积。

8 景宁刀豆

【学 名】Fabaceae（豆科）*Canavalia*（刀豆属）*Canavalia ensiformis*（刀豆）。
【采集地】浙江省丽水市景宁县。

【主要特征特性】地方品种。全生育期165天。缠绕草本，长达数米，蔓生，无限结荚习性。鲜茎绿色。无根瘤。花白色，总状多花花序。叶卵圆形，复叶叶型无须，叶色绿，落叶性难。荚果长24.8cm、宽4.1cm，荚色黄白，荚质硬，荚形长扁条，荚果带状略弯曲，荚面微凸，不易裂荚。每荚粒数8.7粒，百粒鲜重177.5g，籽粒长椭圆形，种皮红褐色、微褶皱、不裂纹、无斑纹，种脐黑灰色。当地农民认为该品种抗逆性强、适应性广。
【优异特性与利用价值】特色豆，抗逆性强，适应性广。可用于保健食品加工、生态旅游。
【濒危状况及保护措施建议】少数农户零星种植，已很难收集到。建议异位妥善保存，并结合发展健康食品和生态旅游，扩大种植面积。

9 开化刀豆

【学　名】Fabaceae（豆科）*Canavalia*（刀豆属）*Canavalia ensiformis*（刀豆）。
【采集地】浙江省衢州市开化县。

【主要特征特性】地方品种。全生育期170天。缠绕草本，长达数米，蔓生，无限结荚习性。鲜茎绿色。无根瘤。花浅紫色，总状多花花序。叶卵圆形，复叶叶型无须，叶色绿，落叶性难。荚果长26.1cm、宽3.7cm，荚色黄白，荚质硬，荚形长扁条，荚果带状略弯曲，荚面微凸，不易裂荚。每荚粒数10.0粒，百粒鲜重180.7g，籽粒长椭圆形，种皮红褐色、微褶皱、不裂纹、无斑纹，种脐黑灰色。当地农民认为该品种口感较硬。

【优异特性与利用价值】特色豆，抗逆性强，适应性广。可用于保健食品加工、生态旅游。

【濒危状况及保护措施建议】少数农户零星种植，已很难收集到。建议异位妥善保存，并结合发展健康食品和生态旅游，扩大种植面积。

10 青田刀豆

【学 名】Fabaceae（豆科）*Canavalia*（刀豆属）*Canavalia ensiformis*（刀豆）。
【采集地】浙江省丽水市青田县。

【主要特征特性】地方品种。全生育期170天。缠绕草本，长达数米，蔓生，无限结荚习性。鲜茎绿色。无根瘤。花浅紫色，总状多花花序。叶卵圆形，复叶叶型无须，叶色绿，落叶性难。荚果长29.0cm、宽3.9cm，荚色黄白，荚质硬，荚形长扁条，荚果带状略弯曲，荚面微凸，不易裂荚。每荚粒数9.7粒，百粒鲜重174.6g，籽粒长椭圆形，种皮红褐色、微褶皱、不裂纹、无斑纹，种脐黑灰色。当地农民认为该品种抗逆性强、适应性广。
【优异特性与利用价值】特色豆。可用于保健食品加工、生态旅游。
【濒危状况及保护措施建议】少数农户零星种植，已很难收集到。建议异位妥善保存，并结合发展健康食品和生态旅游，扩大种植面积。

11 衢州刀豆

【学　名】Fabaceae（豆科）*Canavalia*（刀豆属）*Canavalia ensiformis*（刀豆）。
【采集地】浙江省衢州市江山市。

【主要特征特性】地方品种。全生育期170天。缠绕草本，长达数米，蔓生，无限结荚习性。鲜茎绿色。无根瘤。花白色，总状多花花序。叶卵圆形，复叶叶型无须，叶色绿，落叶性难。荚果长22.8cm、宽4.0cm，荚色黄白，荚质硬，荚形长扁条，荚果带状略弯曲，荚面微凸，不易裂。每荚粒数8.0粒，百粒鲜重221.3g，籽粒长椭圆形，种皮红褐色、微褶皱、不裂纹、无斑纹，种脐黑灰色。当地农民认为该品种抗逆性强、适应性广。
【优异特性与利用价值】特色豆。可用于保健食品加工、生态旅游。
【濒危状况及保护措施建议】少数农户零星种植，已很难收集到。建议异位妥善保存，并结合发展健康食品和生态旅游，扩大种植面积。

12 翁源刀豆

【学　名】Fabaceae（豆科）*Canavalia*（刀豆属）*Canavalia ensiformis*（刀豆）。
【采集地】浙江省衢州市衢江区。

【主要特征特性】地方品种。全生育期170天。缠绕草本，长达数米，蔓生，无限结荚习性。鲜茎绿色。无根瘤。花白色，总状多花花序。叶卵圆形，复叶叶型无须，叶色绿，落叶性难。荚果长25.2cm、宽4.0cm，荚色黄白，荚质硬，荚形长扁条，荚果带状略弯曲，荚面微凸，不易裂荚。每荚粒数10.3粒，百粒鲜重202.7g，籽粒长椭圆形，种皮红褐色、微褶皱、不裂纹、无斑纹，种脐黑灰色。当地农民认为该品种抗逆性强、适应性广。

【优异特性与利用价值】特色豆。可用于保健食品加工、生态旅游。

【濒危状况及保护措施建议】少数农户零星种植，已很难收集到。建议异位妥善保存，并结合发展健康食品和生态旅游，扩大种植面积。

13 溪坪刀豆

【学　名】Fabaceae（豆科）*Canavalia*（刀豆属）*Canavalia ensiformis*（刀豆）。
【采集地】浙江省温州市泰顺县。

【主要特征特性】地方品种。全生育期170天。缠绕草本，长达数米，蔓生，无限结荚习性。鲜茎绿色。无根瘤。花浅紫色，总状多花花序。叶卵圆形，复叶叶型无须，叶色绿，落叶性难。荚长28.7cm，荚宽4.2cm，荚色黄白，荚质硬，荚形长扁条，荚果带状略弯曲，荚面微凸，不易裂荚。每荚粒数10.3粒，百粒鲜重220.6g，籽粒长椭圆形，种皮红褐色、微褶皱、不裂纹、无斑纹，种脐黑灰色。当地农民认为该品种抗逆性强、适应性广。
【优异特性与利用价值】特色豆。可用于保健食品加工、生态旅游。
【濒危状况及保护措施建议】少数农户零星种植，已很难收集到。建议异位妥善保存，并结合发展健康食品和生态旅游，扩大种植面积。

第八章

浙江省赤豆种质资源

1 大红袍

【学　名】Fabaceae（豆科）*Vigna*（豇豆属）*Vigna angularis*（赤豆）。
【采集地】浙江省杭州市临安区。

【主要特征特性】地方品种。全生育期89天。株高60.3cm，株型半开张，主茎节数18.7节，主茎分枝数2.3个，鲜茎绿色，茎秆强度较强，倒伏性为轻倒，无根瘤。花黄色，多花花序。叶卵圆形，复叶叶型无须，叶色绿，落叶性难。直立生长，有限结荚习性。鲜荚长94mm、宽6mm、厚6.5mm，荚黄色，荚质硬，荚形短圆棍，荚喙形状细长弯尖，荚面微凸，裂荚性为轻裂。每荚粒数7.8粒，百粒鲜重13.2g，籽粒红色、球形、平滑、不裂纹、无斑纹，种皮光泽较亮，种脐白色。
【优异特性与利用价值】特色豆。可用于保健食品加工、生态旅游。
【濒危状况及保护措施建议】少数农户零星种植，已很难收集到。建议异位妥善保存，并结合发展健康食品和生态旅游，扩大种植面积。

2 大粒赤豆

【学　名】Fabaceae（豆科）*Vigna*（豇豆属）*Vigna angularis*（赤豆）。
【采集地】浙江省杭州市淳安县。

【主要特征特性】地方品种。全生育期81天。株高50.7cm，株型半开张，主茎节数19.0节，主茎分枝数5.0个，鲜茎绿色，茎秆强度较好，无根瘤。花黄色，多花花序。叶卵圆形，复叶叶型无须，叶色绿，落叶性难。半直立生长，有限结荚习性。鲜荚长82mm、宽7mm、厚6.5mm，荚黄色，荚质硬，荚形短圆棍，荚喙形状细长弯尖，荚面微凸，裂荚性为轻裂。每荚粒数8.4粒，百粒鲜重15.5g，籽粒红色、柱形、平滑、不裂纹、无斑纹，种皮光泽较亮，种脐白色。
【优异特性与利用价值】特色豆。可用于保健食品加工、生态旅游。
【濒危状况及保护措施建议】少数农户零星种植，已很难收集到。建议异位妥善保存，并结合发展健康食品和生态旅游，扩大种植面积。

3 黑赤豆

【学　名】Fabaceae（豆科）*Vigna*（豇豆属）*Vigna angularis*（赤豆）。
【采集地】浙江省杭州市淳安县。

【主要特征特性】地方品种。全生育期90天。株高60.0cm，株型半开张，主茎节数18.7节，主茎分枝数5.7个，鲜茎绿色，茎秆强度较强，倒伏性为轻倒，无根瘤。花浅黄色，多花花序。叶卵圆形，复叶叶型无须，叶色绿，落叶性难。直立生长，有限结荚习性。鲜荚长80mm、宽5mm、厚6.5mm，荚黄褐色，荚质硬，荚形短圆棍，荚喙形状细长弯尖，荚面微凸，裂荚性为轻裂。每荚粒数7.6粒，百粒鲜重6.1g，籽粒黑色、柱形、平滑、不裂纹、无斑纹，种皮光泽较亮，种脐白色。当地农民认为该品种品质优。
【优异特性与利用价值】特色豆。可用于保健食品加工、生态旅游。
【濒危状况及保护措施建议】少数农户零星种植，已很难收集到。建议异位妥善保存，并结合发展健康食品和生态旅游，扩大种植面积。

4 花赤豆

【学　名】Fabaceae（豆科）*Vigna*（豇豆属）*Vigna angularis*（赤豆）。
【采集地】浙江省丽水市庆元县。

【主要特征特性】地方品种。全生育期107天。株高66.7cm，株型半开张，主茎节数17.3节，主茎分枝数6.7个，鲜茎紫色，茎秆强度较强，倒伏性为轻倒，无根瘤。花黄色，多花花序。叶卵圆形，复叶叶型无须，叶色绿，落叶性难。直立生长，有限结荚习性。鲜荚长135mm、宽6mm、厚6.5mm，荚黄褐色，荚质硬，荚形短圆棍，荚喙形状细长弯尖，荚面微凸，裂荚性为轻裂。每荚粒数4.2粒，百粒鲜重16.0g，籽粒有黑花纹、长圆柱形、平滑、不裂纹、无斑纹，种皮光泽较亮，种脐白色。
【优异特性与利用价值】特色豆。可用于保健食品加工、生态旅游。
【濒危状况及保护措施建议】少数农户零星种植，已很难收集到。建议异位妥善保存，并结合发展健康食品和生态旅游，扩大种植面积。

5 黄岩赤豆

【学　名】 Fabaceae（豆科）*Vigna*（豇豆属）*Vigna angularis*（赤豆）。
【采集地】 浙江省台州市黄岩区。

【主要特征特性】 地方品种。全生育期99天。株高66.7cm，株型半开张，主茎节数19.0节，主茎分枝数9.0个，鲜茎绿色，茎秆强度较强，倒伏性为轻倒，无根瘤。花黄色，多花花序。叶卵圆形，复叶叶型无须，叶色绿，落叶性难。直立生长，有限结荚习性。鲜荚长107mm、宽6mm、厚6.5mm，荚黄褐色，荚质硬，荚形短圆棍，荚喙形状细长弯尖，荚面微凸，裂荚性为轻裂。每荚粒数9.4粒，百粒鲜重12.9g，籽粒红色、球形、平滑、不裂纹、无斑纹，种皮光泽较亮，种脐白色。

【优异特性与利用价值】 特色豆。可用于保健食品加工、生态旅游。

【濒危状况及保护措施建议】 少数农户零星种植，已很难收集到。建议异位妥善保存，并结合发展健康食品和生态旅游，扩大种植面积。

6 嘉善赤豆

【学　名】Fabaceae（豆科）*Vigna*（豇豆属）*Vigna angularis*（赤豆）。
【采集地】浙江省嘉兴市嘉善县。

【主要特征特性】地方品种。全生育期74天。株高64.0cm，株型半开张，主茎节数20.3节，主茎分枝数6.0个，鲜茎绿色，茎秆强度较强，倒伏性为轻倒，无根瘤。花黄色，多花花序。叶卵圆形，复叶叶型无须，叶色绿，落叶性难。直立生长，有限结荚习性。鲜荚长99mm、宽7mm、厚6.5mm，荚黄白色，荚质硬，荚形短圆棍，荚喙形状细长弯尖，荚面微凸，裂荚性为轻裂。每荚粒数10.0粒，百粒鲜重14.6g，籽粒红色、球形、平滑、不裂纹、无斑纹，种皮光泽较亮，种脐白色。当地农民认为该品种籽粒大。
【优异特性与利用价值】特色豆，籽粒较大。可用于保健食品加工、生态旅游。
【濒危状况及保护措施建议】少数农户零星种植，已很难收集到。建议异位妥善保存，并结合发展健康食品和生态旅游，扩大种植面积。

7 开化赤豆

【学　名】Fabaceae（豆科）*Vigna*（豇豆属）*Vigna angularis*（赤豆）。
【采集地】浙江省衢州市开化县。

【主要特征特性】地方品种。全生育期80天。株高60.3cm，株型半开张，主茎节数15.3节，主茎分枝数7.0个，鲜茎绿色，茎秆强度较强，倒伏性为轻倒，无根瘤。花黄色，多花花序。叶卵圆形，复叶叶型无须，叶色绿，落叶性难。半直立生长，有限结荚习性。鲜荚长100mm、宽6mm、厚6.5mm，荚黄褐色，荚质硬，荚形短圆棍，荚喙形状细长弯尖，荚面微凸，裂荚性为轻裂。每荚粒数9.0粒，百粒鲜重14.5g，籽粒红色、球形、平滑、不裂纹、无斑纹，种皮光泽较亮，种脐白色。
【优异特性与利用价值】特色豆。可用于保健食品加工、生态旅游。
【濒危状况及保护措施建议】少数农户零星种植，已很难收集到。建议异位妥善保存，并结合发展健康食品和生态旅游，扩大种植面积。

8 莲都赤豆

【学 名】Fabaceae（豆科）*Vigna*（豇豆属）*Vigna angularis*（赤豆）。
【采集地】浙江省丽水市莲都区。

【主要特征特性】地方品种。全生育期80天。株高64.3cm，株型半开张，主茎节数18.0节，主茎分枝数5.3个，鲜茎绿色，茎秆强度较强，倒伏性为轻倒，无根瘤。花浅黄色，多花花序。叶卵圆形，复叶叶型无须，叶色绿，落叶性难。半直立生长，有限结荚习性。鲜荚长115mm、宽6mm、厚6.5mm，荚果较饱满、黄褐色，荚质硬，荚形短圆棍，荚喙形状细长弯尖，荚面微凸，裂荚性为轻裂。每荚粒数8.4粒，百粒鲜重17.0g，籽粒红色、长圆柱形、平滑、不裂纹、无斑纹，种皮光泽较亮，种脐白色。该资源植株匍匐，当地农民认为该品种荚果口感香绵，品质优。
【优异特性与利用价值】特色豆，优质，耐贫瘠。可用于保健食品加工、生态旅游。
【濒危状况及保护措施建议】少数农户零星种植，已很难收集到。建议异位妥善保存，并结合发展健康食品和生态旅游，扩大种植面积。

9 临安清凉峰赤豆

【学　名】Fabaceae（豆科）*Vigna*（豇豆属）*Vigna angularis*（赤豆）。
【采集地】浙江省杭州市临安区。

【主要特征特性】地方品种。全生育期89天。株高53.7cm，株型半开张，主茎节数15.7节，主茎分枝数2.7个，鲜茎绿色，茎秆强度较强，倒伏性为轻倒，无根瘤。花黄色，多花花序。叶卵圆形，复叶叶型无须，叶色绿，落叶性难。直立生长，有限结荚习性。鲜荚长104mm、宽7mm、厚6.5mm，荚黄褐色，荚质硬，荚形短圆棍，荚喙形状细长弯尖，荚面微凸，裂荚性为轻裂。每荚粒数9.6粒，百粒鲜重15.9g，籽粒红色、球形、平滑、不裂纹、无斑纹，种皮光泽较亮，种脐白色。当地农民认为炖吃有补血功效。

【优异特性与利用价值】耐贫瘠、耐湿。可用于保健食品加工、生态旅游。

【濒危状况及保护措施建议】少数农户零星种植，已很难收集到。建议异位妥善保存，并结合发展健康食品和生态旅游，扩大种植面积。

10 临安湍口赤豆

【学　名】Fabaceae（豆科）*Vigna*（豇豆属）*Vigna angularis*（赤豆）。
【采集地】浙江省杭州市临安区。

【主要特征特性】地方品种。全生育期89天。株高40.5cm，株型半开张，主茎节数11.0节，主茎分枝数4.5个，鲜茎绿色，茎秆强度较强，倒伏性为轻倒，无根瘤。花黄色，多花花序。叶卵圆形，复叶叶型无须，叶色绿，落叶性难。直立生长，有限结荚习性。鲜荚长95mm、宽7mm、厚6.5mm，荚黄褐色，荚质硬，荚形短圆棍，荚喙形状细长弯尖，荚面微凸，裂荚性为轻裂。每荚粒数8.8粒，百粒鲜重16.9g，籽粒红色、球形、平滑、不裂纹、无斑纹，种皮光泽较亮，种脐白色。
【优异特性与利用价值】特色豆。可用于保健食品加工、生态旅游。
【濒危状况及保护措施建议】少数农户零星种植，已很难收集到。建议异位妥善保存，并结合发展健康食品和生态旅游，扩大种植面积。

11 临安小豆

【学　名】Fabaceae（豆科）*Vigna*（豇豆属）*Vigna angularis*（赤豆）。
【采集地】浙江省杭州市临安区。

【主要特征特性】地方品种。全生育期81天。株高67.3cm，株型半开张，主茎节数18.3节，主茎分枝数5.3个，鲜茎绿色，茎秆强度较强，倒伏性为轻倒，无根瘤。花黄色，多花花序。叶卵圆形，复叶叶型无须，叶色绿，落叶性难。直立生长，有限结荚习性。鲜荚长97mm、宽7mm、厚6.5mm，荚黄褐色，荚质硬，荚形短圆棍，荚喙形状细长弯尖，荚面微凸，裂荚性为轻裂。每荚粒数9.6粒，百粒鲜重13.1g，籽粒红色、球形、平滑、不裂纹、无斑纹，种皮光泽较亮，种脐白色。当地农民做粽子馅料，烧汤放红糖有补血功效。

【优异特性与利用价值】籽粒大，红色种皮，白色种脐，籽粒口感质地粉糯。可用于保健食品加工、生态旅游。

【濒危状况及保护措施建议】少数农户零星种植，已很难收集到。建议异位妥善保存，并结合发展健康食品和生态旅游，扩大种植面积。

12 临海赤豆

【学　名】Fabaceae（豆科）*Vigna*（豇豆属）*Vigna angularis*（赤豆）。
【采集地】浙江省台州市临海市。

【主要特征特性】地方品种。全生育期80天。株高71.7cm，株型半开张，主茎节数18.7节，主茎分枝数5.7个，鲜茎绿色，茎秆强度较强，倒伏性为轻倒，无根瘤。花浅黄色，多花花序。叶卵圆形，复叶叶型无须，叶色绿，落叶性难。半直立生长，有限结荚习性。鲜荚长95mm、宽6mm、厚6.5mm，荚黄褐色，荚质硬，荚形短圆棍，荚喙形状细长弯尖，荚面微凸，裂荚性为轻裂。每荚粒数8.2粒，百粒鲜重13.1g，籽粒黄色和褐色、长圆柱形、平滑、不裂纹、无斑纹，种皮光泽较亮，种脐白色。当地农民认为该品种食用口味佳。
【优异特性与利用价值】特色豆，耐贫瘠。可用于保健食品加工、生态旅游。
【濒危状况及保护措施建议】少数农户零星种植，已很难收集到。建议异位妥善保存，并结合发展健康食品和生态旅游，扩大种植面积。

13 龙游赤豆

【学　名】Fabaceae（豆科）*Vigna*（豇豆属）*Vigna angularis*（赤豆）。
【采集地】浙江省衢州市龙游县。

【主要特征特性】地方品种。全生育期89天。株高62.0cm，株型半开张，主茎节数16.7节，主茎分枝数6.0个，鲜茎绿色，茎秆强度较强，倒伏性为轻倒，无根瘤。花浅黄色，多花花序。叶卵圆形，复叶叶型无须，叶色绿，落叶性难。半直立生长，有限结荚习性。鲜荚长116mm、宽7mm、厚6.5mm，荚黄褐色，荚质硬，荚形短圆棍，荚喙形状细长弯尖，荚面微凸，裂荚性为轻裂。每荚粒数9.2粒，百粒鲜重13.7g，籽粒红色、长圆柱形、平滑、不裂纹、无斑纹，种皮光泽较亮，种脐白色。
【优异特性与利用价值】特色豆。可用于保健食品加工、生态旅游。
【濒危状况及保护措施建议】少数农户零星种植，已很难收集到。建议异位妥善保存，并结合发展健康食品和生态旅游，扩大种植面积。

14 龙游土赤豆

【学　名】Fabaceae（豆科）*Vigna*（豇豆属）*Vigna angularis*（赤豆）。
【采集地】浙江省衢州市龙游县。

【主要特征特性】地方品种。全生育期89天。株高69.7cm，株型半开张，主茎节数21.0节，主茎分枝数6.7个，鲜茎绿色，茎秆强度较强，倒伏性为轻倒，无根瘤。花浅黄色，多花花序。叶卵圆形，复叶叶型无须，叶色绿，落叶性难。半直立生长，有限结荚习性。鲜荚长119mm、宽6mm、厚6.5mm，荚黄褐色，荚质硬，荚形短圆棍，荚喙形状细长弯尖，荚面微凸，裂荚性为轻裂。每荚粒数8.2粒，百粒鲜重13.7g，籽粒红色、长圆柱形、平滑、不裂纹、无斑纹，种皮光泽较亮，种脐白色。当地农民认为该品种种皮较薄，口感更酥，适用于做馅。
【优异特性与利用价值】特色豆。可用于保健食品加工、生态旅游。
【濒危状况及保护措施建议】少数农户零星种植，已很难收集到。建议异位妥善保存，并结合发展健康食品和生态旅游，扩大种植面积。

15 平湖赤豆

【学　名】Fabaceae（豆科）*Vigna*（豇豆属）*Vigna angularis*（赤豆）。
【采集地】浙江省嘉兴市平湖市。

【主要特征特性】地方品种。全生育期74天。株高52.3cm，株型半开张，主茎节数17.0节，主茎分枝数6.3个，鲜茎绿色，茎秆强度较强，倒伏性为轻倒，无根瘤。花浅黄色，多花花序。叶卵圆形，复叶叶型无须，叶色绿，落叶性难。半直立生长，有限结荚习性。鲜荚长93mm、宽8mm、厚6.5mm，荚黄色，荚质硬，荚形短圆棍，荚喙形状细长弯尖，荚面微凸，裂荚性为轻裂，每荚粒数7.2粒，百粒鲜重21.4g，籽粒红色、长圆柱形、平滑、不裂纹、无斑纹，种皮光泽较亮，种脐白色。当地农民认为该品种较易煮酥烂。
【优异特性与利用价值】特色豆，优质。可用于保健食品加工、生态旅游。
【濒危状况及保护措施建议】少数农户零星种植，已很难收集到。建议异位妥善保存，并结合发展健康食品和生态旅游，扩大种植面积。

16 庆元赤豆-1

【学　名】Fabaceae（豆科）*Vigna*（豇豆属）*Vigna angularis*（赤豆）。
【采集地】浙江省丽水市庆元县。

【主要特征特性】地方品种。全生育期99天。株高49.3cm，株型半开张，主茎节数16.7节，主茎分枝数8.3个，鲜茎绿色，茎秆强度较强，倒伏性为轻倒，无根瘤。花黄色，多花花序。叶卵圆形，复叶叶型无须，叶色绿，落叶性难。直立生长，有限结荚习性。鲜荚长101mm、宽6mm、厚6.5mm，荚黄褐色，荚质硬，荚形短圆棍，荚喙形状细长弯尖，荚面微凸，裂荚性为轻裂。每荚粒数6.2粒，百粒鲜重9.5g，籽粒红色、球形、平滑、不裂纹、无斑纹，种皮光泽较亮，种脐白色。
【优异特性与利用价值】特色豆。可用于保健食品加工、生态旅游。
【濒危状况及保护措施建议】少数农户零星种植，已很难收集到。建议异位妥善保存，并结合发展健康食品和生态旅游，扩大种植面积。

17 庆元赤豆-2

【学　名】Fabaceae（豆科）*Vigna*（豇豆属）*Vigna angularis*（赤豆）。
【采集地】浙江省丽水市庆元县。

【主要特征特性】地方品种。全生育期99天。株高57.0cm，株型半开张，主茎节数18.7节，主茎分枝数6.3个，鲜茎绿色，茎秆强度较强，倒伏性为轻倒，无根瘤。花浅黄色，多花花序。叶卵圆形，复叶叶型无须，叶色绿，落叶性难。直立生长，有限结荚习性。鲜荚长95mm、宽7mm、厚6.5mm，荚黄褐色，荚质硬，荚形短圆棍，荚喙形状细长弯尖，荚面微凸，裂荚性为轻裂。每荚粒数7.8粒，百粒鲜重14.3g，籽粒红色、球形、平滑、不裂纹、无斑纹，种皮光泽较亮，种脐白色。
【优异特性与利用价值】特色豆。可用于保健食品加工、生态旅游。
【濒危状况及保护措施建议】少数农户零星种植，已很难收集到。建议异位妥善保存，并结合发展健康食品和生态旅游，扩大种植面积。

18 衢江赤豆

【学　名】Fabaceae（豆科）*Vigna*（豇豆属）*Vigna angularis*（赤豆）。
【采集地】浙江省衢州市衢江区。

【主要特征特性】地方品种。全生育期99天。株高39.7cm，株型半开张，主茎节数14.3节，主茎分枝数6.0个，鲜茎绿色，茎秆强度较强，倒伏性为轻倒，无根瘤。花黄色，多花花序。叶卵圆形，复叶叶型无须，叶色绿，落叶性难。直立生长，有限结荚习性。鲜荚长90mm、宽6mm、厚6.5mm，荚黑色，荚质硬，荚形短圆棍，荚喙形状细长弯尖，荚面微凸，裂荚性为轻裂。每荚粒数7.8粒，百粒鲜重9.8g，籽粒红色、球形、平滑、不裂纹、无斑纹，种皮光泽较亮，种脐白色。
【优异特性与利用价值】特色豆。可用于保健食品加工、生态旅游。
【濒危状况及保护措施建议】少数农户零星种植，已很难收集到。建议异位妥善保存，并结合发展健康食品和生态旅游，扩大种植面积。

19 双条赤

【学　名】Fabaceae（豆科）*Vigna*（豇豆属）*Vigna angularis*（赤豆）。
【采集地】浙江省绍兴市诸暨市。

【主要特征特性】地方品种。全生育期99天。株高52.7cm，株型半开张，主茎节数14.3节，主茎分枝数3.7个，鲜茎绿色，茎秆强度较强，倒伏性为轻倒，无根瘤。花黄色，多花花序。叶卵圆形，复叶叶型无须，叶色绿，落叶性难。直立生长，有限结荚习性。鲜荚长85mm、宽6mm、厚6.5mm，荚黑色，荚质硬，荚形短圆棍，荚喙形状细长弯尖，荚面微凸，裂荚性为轻裂。每荚粒数8.6粒，百粒鲜重12.0g，籽粒红色、球形、平滑、不裂纹、无斑纹，种皮光泽较亮，种脐白色。
【优异特性与利用价值】特色豆。可用于保健食品加工、生态旅游。
【濒危状况及保护措施建议】少数农户零星种植，已很难收集到。建议异位妥善保存，并结合发展健康食品和生态旅游，扩大种植面积。

20 松阳大红袍赤豆

【学　名】Fabaceae（豆科）*Vigna*（豇豆属）*Vigna angularis*（赤豆）。
【采集地】浙江省丽水市松阳县。

【主要特征特性】地方品种。全生育期89天。株高61.7cm，株型半开张，主茎节数21.7节，主茎分枝数7.0个，鲜茎绿色，茎秆强度较强，倒伏性为轻倒，无根瘤。花黄色，多花花序。叶卵圆形，复叶叶型无须，叶色绿，落叶性难。半直立生长，有限结荚习性。鲜荚长113mm、宽7mm、厚6.5mm，荚黑色，荚质硬，荚形短圆棍，荚喙形状细长弯尖，荚面微凸，裂荚性为轻裂。每荚粒数10.2粒，百粒鲜重13.0g，籽粒大而皮薄、红色、长圆柱形、平滑、不裂纹、无斑纹，种皮光泽较亮，种脐白色。当地农民认为该品种可食用、可作为加工原料，质地细嫩、肉沙多、美味可口。
【优异特性与利用价值】特色豆，优质，耐贫瘠。可用于保健食品加工、生态旅游。
【濒危状况及保护措施建议】少数农户零星种植，已很难收集到。建议异位妥善保存，并结合发展健康食品和生态旅游，扩大种植面积。

21 土赤豆

【学　名】Fabaceae（豆科）*Vigna*（豇豆属）*Vigna angularis*（赤豆）。
【采集地】浙江省金华市武义县。

【主要特征特性】地方品种。全生育期90天。株高57.0cm，株型半开张，主茎节数17.7节，主茎分枝数8.3个，鲜茎绿色，茎秆强度较强，倒伏性为轻倒，无根瘤。花黄色，多花花序。叶卵圆形，复叶叶型无须，叶色绿，落叶性难。直立生长，有限结荚习性。鲜荚长73mm、宽6mm、厚6.5mm，荚黄褐色，荚质硬，荚形短圆棍，荚喙形状细长弯尖，荚面微凸，裂荚性为轻裂。每荚粒数7.4粒，百粒鲜重9.8g，籽粒红色、球形、平滑、不裂纹、无斑纹，种皮光泽较亮，种脐白色。当地农民认为该品种干豆可作为食料，有清凉解毒的功效。
【优异特性与利用价值】特色豆，有甜味。可作为食料，有清凉解毒的功效，也可用于保健食品加工、生态旅游。
【濒危状况及保护措施建议】少数农户零星种植，已很难收集到。建议异位妥善保存，并结合发展健康食品和生态旅游，扩大种植面积。

22 吴兴赤豆

【学 名】Fabaceae（豆科）*Vigna*（豇豆属）*Vigna angularis*（赤豆）。
【采集地】浙江省湖州市吴兴区。

【主要特征特性】地方品种。全生育期89天。株高99.3cm，株型半开张，主茎节数18.3节，主茎分枝数5.0个，鲜茎绿色，茎秆强度较强，倒伏性为轻倒，无根瘤。花浅黄色，多花花序。叶卵圆形，复叶叶型无须，叶色绿，落叶性难。半直立生长，有限结荚习性。鲜荚长108mm、宽7mm、厚6.5mm，荚黄褐色，荚质硬，荚形短圆棍，荚喙形状细长弯尖，荚面微凸，裂荚性为轻裂。每荚粒数10.2粒，百粒鲜重15.7g，籽粒红色、球形、平滑、不裂纹、无斑纹，种皮光泽较亮，种脐白色。
【优异特性与利用价值】特色豆。可用于保健食品加工、生态旅游。
【濒危状况及保护措施建议】少数农户零星种植，已很难收集到。建议异位妥善保存，并结合发展健康食品和生态旅游，扩大种植面积。

23 武义赤豆

【学　名】Fabaceae（豆科）*Vigna*（豇豆属）*Vigna angularis*（赤豆）。
【采集地】浙江省金华市武义县。

【主要特征特性】地方品种。全生育期107天。株高47.3cm，株型半开张，主茎节数15.0节，主茎分枝数8.3个，鲜茎绿色，茎秆强度较强，倒伏性为轻倒，无根瘤。花浅黄色，多花花序。叶卵圆形，复叶叶型无须，叶色绿，落叶性难。直立生长，有限结荚。鲜荚长96mm、宽6mm、厚6.5mm，荚黄褐色，荚质硬，荚形短圆棍，荚喙形状细长弯尖，荚面微凸，裂荚性为轻裂。每荚粒数8.8粒，百粒鲜重10.7g，籽粒红色、球形、平滑、不裂纹、无斑纹，种皮光泽较亮，种脐白色。当地农民认为该品种嫩荚可食用、籽粒可煮粥食用。
【优异特性与利用价值】特色豆，种皮红色、颜色艳丽，口感香糯。可用于保健食品加工、生态旅游。
【濒危状况及保护措施建议】少数农户零星种植，已很难收集到。建议异位妥善保存，并结合发展健康食品和生态旅游，扩大种植面积。

24 武义土赤豆

【学　名】Fabaceae（豆科）*Vigna*（豇豆属）*Vigna angularis*（赤豆）。
【采集地】浙江省金华市武义县。

【主要特征特性】地方品种。全生育期89天。株高60.3cm，株型半开张，主茎节数19.5节，主茎分枝数5.5个，鲜茎绿色，茎秆强度较强，倒伏性为轻倒，无根瘤。花黄色，多花花序。叶卵圆形，复叶叶型无须，叶色绿，落叶性难。半直立生长，有限结荚习性。鲜荚长108mm、宽8mm、厚6.5mm，荚黄褐色，荚质硬，荚形短圆棍，荚喙形状细长弯尖，荚面微凸，裂荚性为轻裂。每荚粒数8.4粒，百粒鲜重18.2g，籽粒红色、长圆柱形、平滑、不裂纹、无斑纹，种皮光泽较亮，种脐白色。当地农民认为该品种可食用或保健药用。
【优异特性与利用价值】特色豆，优质，抗旱、耐热、耐贫瘠。可用于保健食品加工、生态旅游。
【濒危状况及保护措施建议】少数农户零星种植，已很难收集到。建议异位妥善保存，并结合发展健康食品和生态旅游，扩大种植面积。

25 仙居赤豆

【学 名】Fabaceae（豆科）*Vigna*（豇豆属）*Vigna angularis*（赤豆）。
【采集地】浙江省台州市仙居县。

【主要特征特性】地方品种。全生育期99天。株高94.0cm，株型半开张，主茎节数19.3节，主茎分枝数5.3个，鲜茎绿色，茎秆强度较强，倒伏性为轻倒，无根瘤。花黄色，多花花序。叶卵圆形，复叶叶型无须，叶色绿，落叶性难。直立生长，有限结荚习性。鲜荚长108mm、宽6mm、厚6.5mm，荚黄褐色，荚质硬，荚形短圆棍，荚喙形状细长弯尖，荚面微凸，裂荚性为轻裂。每荚粒数9.8粒，百粒鲜重13.9g，籽粒红色、长圆柱形、平滑、不裂纹、无斑纹，种皮光泽较亮，种脐白色。当地农民自家食用，包粽子做馅料，也可煮粥，夏天煮红豆汤。
【优异特性与利用价值】特色豆。可用于保健食品加工、生态旅游。
【濒危状况及保护措施建议】少数农户零星种植，已很难收集到。建议异位妥善保存，并结合发展健康食品和生态旅游，扩大种植面积。

26 诸暨大红袍赤豆

【学　名】Fabaceae（豆科）*Vigna*（豇豆属）*Vigna angularis*（赤豆）。
【采集地】浙江省绍兴市诸暨市。

【主要特征特性】地方品种。全生育期99天。株高87.3cm，株型半开张，主茎节数19.3节，主茎分枝数6.0个，鲜茎绿色，茎秆强度较强，倒伏性为轻倒，无根瘤。花黄色，多花花序。叶卵圆形，复叶叶型无须，叶色绿，落叶性难。直立生长，有限结荚习性。鲜荚长98mm、宽5mm、厚6.5mm，荚黄褐色，荚质硬，荚形短圆棍，荚喙形状细长弯尖，荚面微凸，裂荚性为轻裂。每荚粒数9.4粒，百粒鲜重11.6g，籽粒红色、球形、平滑、不裂纹、无斑纹，种皮光泽较亮，种脐白色。
【优异特性与利用价值】特色豆。可用于保健食品加工、生态旅游。
【濒危状况及保护措施建议】少数农户零星种植，已很难收集到。建议异位妥善保存，并结合发展健康食品和生态旅游，扩大种植面积。

第九章

浙江省藜豆、利马豆、豇豆种质资源

第一节 藜　　豆

1 淳安藜豆

【学　名】Fabaceae（豆科）*Mucuna*（油麻藤属）*Mucuna pruriens*（刺毛藜豆）。
【采集地】浙江省杭州市淳安县。

【主要特征特性】头花藜豆地方品种。适宜春播，全生育期220天。蔓生，一年生缠绕草本，长达数米。鲜茎黄绿色，全株被白色疏柔毛。无根瘤。总状花序短缩成头状，腋生；花萼钟状，二唇形，下面一个萼齿较长，密被白色短硬毛；花冠深紫色，长2.5～3.0cm；雄蕊10个，二体，(9)+1；子房有棕色毛，花柱丝状、有白色短柔毛。三出复叶；顶生小叶宽卵形，长6.0～9.0cm，宽4.5～7.0cm，先端钝圆，有短尖，基部圆楔形，侧生小叶偏斜；小托叶刚毛状。荚果木质，条形，深棕色，长10.2cm，宽1.9cm，密被淡黄色短柔毛；每荚粒数5.3粒，百粒鲜重114.9g。籽粒灰白色，肾形，粒长1.6cm、宽1.2cm，周围有围领状隆起的白色种阜。当地农民认为该品种煮熟去皮晒干后炖肉，味道好。

【优异特性与利用价值】食用，饲用。具有益气、生津之功效，常用于消渴。

【濒危状况及保护措施建议】少数农户零星种植，已很难收集到。建议异位妥善保存，并结合发展健康食品和生态旅游，扩大种植面积。

2 庆元藜豆

【学 名】Fabaceae（豆科）*Mucuna*（油麻藤属）*Mucuna pruriens*（刺毛藜豆）。
【采集地】浙江省丽水市庆元县。

【主要特征特性】头花藜豆地方品种。适宜春播，全生育期180天。蔓生，一年生缠绕草本，长达数米。鲜茎绿色，全株被白色疏柔毛。无根瘤。总状花序短缩成头状，腋生；花萼钟状，二唇形，下面一个萼齿较长，密被白色短硬毛；花冠深紫色，长2.5～3.0cm；雄蕊10个，二体，（9）+1；子房有棕色毛，花柱丝状、有白色短柔毛。三出复叶；顶生小叶宽卵形，长6.0～9.0cm，宽4.5～7.0cm，先端钝圆，有短尖，基部圆楔形，侧生小叶偏斜；小托叶刚毛状。荚果木质，条形，深棕色，长10.8cm，宽2.0cm，密被淡黄色短柔毛；每荚粒数5.3粒，百粒鲜重94.6g。籽粒灰白色，肾形，粒长1.5cm、宽1.2cm，周围有围领状隆起的白色种阜。当地农民认为该品种具有益气、生津之功效，口感鲜嫩甜爽。
【优异特性与利用价值】品质优，籽粒大。食用，饲用。
【濒危状况及保护措施建议】少数农户零星种植，已很难收集到。建议异位妥善保存，并结合发展健康食品和生态旅游，扩大种植面积。

3 衢江藜豆

【学　名】Fabaceae（豆科）*Mucuna*（油麻藤属）*Mucuna pruriens*（刺毛藜豆）。

【采集地】浙江省衢州市衢江区。

【主要特征特性】头花藜豆地方品种。适宜春播，全生育期180天。蔓生，一年生缠绕草本，长达数米。鲜茎绿色，全株被白色疏柔毛。无根瘤。总状花序短缩成头状，腋生；花萼钟状，二唇形，下面一个萼齿较长，密被白色短硬毛；花冠深紫色，长2.5～3.0cm；雄蕊10个，二体，（9）+1；子房有棕色毛，花柱丝状、有白色短柔毛。三出复叶；顶生小叶宽卵形，长6.0～9.0cm，宽4.5～7.0cm，先端钝圆，有短尖，基部圆楔形，侧生小叶偏斜；小托叶刚毛状。荚果木质，条形，深棕色，长10.7cm，宽2.0cm，密被淡黄色短柔毛；每荚粒数5.7粒，百粒鲜重114.5g。籽粒灰白色，肾形，粒长1.6cm、宽1.2cm，周围有围领状隆起的白色种阜。当地农民认为该品种具有益气、生津之功效，常用于消渴。

【优异特性与利用价值】维生素和矿物质含量丰富，淀粉、蛋白质含量高。食用，饲用。

【濒危状况及保护措施建议】少数农户零星种植，已很难收集到。建议异位妥善保存，并结合发展健康食品和生态旅游，扩大种植面积。

4 瑞安藜豆

【学　名】Fabaceae（豆科）*Mucuna*（油麻藤属）*Mucuna pruriens*（刺毛藜豆）。
【采集地】浙江省温州市瑞安市。

【主要特征特性】头花藜豆地方品种。适宜春播，全生育期180天。蔓生，一年生缠绕草本，长达数米。鲜茎绿色，全株被白色疏柔毛。无根瘤。总状花序短缩成头状，腋生；花萼钟状，二唇形，下面一个萼齿较长，密被白色短硬毛；花冠深紫色，长2.5～3.0cm；雄蕊10个，二体，（9）+1；子房有棕色毛，花柱丝状、有白色短柔毛。三出复叶；顶生小叶宽卵形，长6.0～9.0cm，宽4.5～7.0cm，先端钝圆，有短尖，基部圆楔形，侧生小叶偏斜；小托叶刚毛状。荚果木质，条形，深棕色，长10.5cm，宽2.0cm，密被淡黄色短柔毛；每荚粒数5.3粒，百粒鲜重125.0g。籽粒灰白色，肾形，粒长1.7cm、宽1.3cm，周围有围领状隆起的白色种阜。当地农民认为该品种具有益气、生津之功效，常用于消渴。
【优异特性与利用价值】食用，饲用。
【濒危状况及保护措施建议】少数农户零星种植，已很难收集到。建议异位妥善保存，并结合发展健康食品和生态旅游，扩大种植面积。

5 遂昌藜豆

【学 名】Fabaceae（豆科）*Mucuna*（油麻藤属）*Mucuna pruriens*（刺毛藜豆）。
【采集地】浙江省丽水市遂昌县。

【主要特征特性】头花藜豆地方品种。适宜春播，全生育期220天。蔓生，一年生缠绕草本，长达数米。鲜茎绿色，全株被白色疏柔毛。无根瘤。总状花序短缩成头状，腋生；花萼钟状，二唇形，下面一个萼齿较长，密被白色短硬毛；花冠深紫色，长2.5～3.0cm；雄蕊10个，二体，（9）＋1；子房有棕色毛，花柱丝状、有白色短柔毛。三出复叶；顶生小叶宽卵形，长6.0～9.0cm，宽4.5～7.0cm，先端钝圆，有短尖，基部圆楔形，侧生小叶偏斜；小托叶刚毛状。荚果木质，条形，深棕色，长10.7cm，宽1.8cm，密被淡黄色短柔毛；每荚粒数5.7粒，百粒鲜重99.0g。籽粒灰白色，肾形，粒长1.5cm、宽1.0cm，周围有围领状隆起的白色种阜。当地农民认为该品种具有益气、生津之功效，常用于消渴。

【优异特性与利用价值】耐贫瘠。食用，饲用。

【濒危状况及保护措施建议】少数农户零星种植，已很难收集到。建议异位妥善保存，并结合发展健康食品和生态旅游，扩大种植面积。

6 武义藜豆

【学　名】Fabaceae（豆科）*Mucuna*（油麻藤属）*Mucuna pruriens*（刺毛藜豆）。
【采集地】浙江省金华市武义县。

【主要特征特性】头花藜豆地方品种。适宜春播，全生育期180天。蔓生，一年生缠绕草本，长达数米。鲜茎绿色，全株被白色疏柔毛。无根瘤。总状花序短缩成头状，腋生；花萼钟状，二唇形，下面一个萼齿较长，密被白色短硬毛；花冠深紫色，长2.5～3.0cm；雄蕊10个，二体，（9）+1；子房有棕色毛，花柱丝状、有白色短柔毛。三出复叶；顶生小叶宽卵形，长6.0～9.0cm，宽4.5～7.0cm，先端钝圆，有短尖，基部圆楔形，侧生小叶偏斜；小托叶刚毛状。荚果木质，条形，深棕色，长10.5cm，宽2.0cm，密被淡黄色短柔毛；每荚粒数5.3粒，百粒鲜重125.0g。籽粒灰白色，肾形，粒长1.7cm、宽1.3cm，周围有围领状隆起的白色种阜。当地农民认为该品种具有益气、生津之功效，常用于消渴。
【优异特性与利用价值】品质优，抗性强，抗旱。食用，饲用。
【濒危状况及保护措施建议】少数农户零星种植，已很难收集到。建议异位妥善保存，并结合发展健康食品和生态旅游，扩大种植面积。

7 野藜豆

【学 名】Fabaceae（豆科）*Mucuna*（油麻藤属）*Mucuna pruriens*（刺毛藜豆）。
【采集地】不详。

【主要特征特性】头花藜豆地方品种。适宜春播，全生育期220天。蔓生，一年生缠绕草本，长达数米。鲜茎绿色，全株被白色疏柔毛。无根瘤。总状花序短缩成头状，腋生；花萼钟状，二唇形，下面一个萼齿较长，密被白色短硬毛；花冠深紫色，长2.5～3.0cm；雄蕊10个，二体，（9）+1；子房有棕色毛，花柱丝状、有白色短柔毛。三出复叶；顶生小叶宽卵形，长6.0～9.0cm，宽4.5～7.0cm，先端钝圆，有短尖，基部圆楔形，侧生小叶偏斜；小托叶刚毛状。荚果木质，条形，深棕色，长10.4cm，宽2.1cm，密被淡黄色短柔毛；每荚粒数5.7粒，百粒鲜重110.5g。籽粒灰白色，肾形，粒长1.6cm、宽1.2cm，周围有围领状隆起的白色种阜。当地农民认为该品种具有益气、生津之功效，常用于消渴。
【优异特性与利用价值】耐热，抗旱。食用。
【濒危状况及保护措施建议】少数农户零星种植，已很难收集到。建议异位妥善保存，并结合发展健康食品和生态旅游，扩大种植面积。

第二节　利　马　豆

1 常山白扁豆

【学　名】Leguminosae（豆科）*Phaseolus*（菜豆属）*Phaseolus lunatus*（利马豆）。
【采集地】浙江省衢州市常山县。

【主要特征特性】缠绕植物，无限结荚习性，茎绿色，耐寒，单株分枝数2.3个，茎粗9.9mm。总状花序腋生，花冠白色、黄色两种，旗瓣黄绿色，翼瓣白色或黄色。4月中旬播种，6月初开花。荚果镰刀状长圆形，长7.1cm，宽1.8cm，扁平，顶端有喙，嫩荚呈不均匀绿色，成熟时黄白色至黄褐色，结荚期6～12月。籽粒近肾形，扁平，有放射形暗纹，长14.2mm，宽10.0mm，白色，种脐白色，每荚粒数2.8粒，百粒重51.0g，单株荚果（成熟荚）数19个。当地农民认为品种品质优，耐热、耐贫瘠。
【优异特性与利用价值】鲜豆可以作蔬菜食用，老豆粒（籽粒）供食用，营养价值高，且具滋补调养之功效，夏食消暑提神，冬食补脾养胃，也可作为育种材料。
【濒危状况及保护措施建议】建议扩大种植面积，妥善异位保存。挖掘加工利用，形成产业体系。

2 姑娘豆

【学　名】Leguminosae（豆科）*Phaseolus*（菜豆属）*Phaseolus lunatus*（利马豆）。
【采集地】浙江省台州市黄岩区。

【主要特征特性】一年生缠绕植物，无限结荚习性，茎绿色，耐寒，主茎分枝数3.3个，茎粗9.5mm。总状花序腋生，花冠白色、黄色两种，旗瓣黄绿色，翼瓣白色或黄色。4月中旬播种，6月初开花。荚果镰刀状长圆形，长8.3cm，宽2.2cm，扁平，顶端有喙，嫩荚呈不均匀绿色，成熟时黄白色至黄褐色，结荚期6～12月。籽粒近肾形，扁平，有放射形暗纹，长17.0mm，宽12.2mm，白色，种脐白色，每荚粒数2.9粒，百粒重81.4g，单株荚果（成熟荚）数15个。当地农民认为该品种不抗角斑病，籽粒煮汤、炒，品质优。

【优异特性与利用价值】籽粒大，鲜豆可以作蔬菜食用，籽粒煮汤、炒，老豆粒（籽粒）供食用，营养价值高，且具滋补调养之功效，夏食消暑提神，冬食补脾养胃，也可作为育种材料。

【濒危状况及保护措施建议】建议扩大种植面积，妥善异位保存。挖掘加工利用，形成产业体系。

3 红扁豆

【学　名】Leguminosae（豆科）*Phaseolus*（菜豆属）*Phaseolus lunatus*（利马豆）。
【采集地】浙江省嘉兴市平湖市。

【主要特征特性】缠绕植物，无限结荚习性，茎绿色，耐寒，主茎分枝数4.5个，茎粗10.1mm。羽状复叶具3小叶，小叶卵形，先端急尖，侧生小叶常偏斜。总状花序腋生，小苞片较花萼短，花萼钟状，花冠白色、黄色两种，旗瓣黄绿色，翼瓣白色或黄色。4月中旬播种，6月初开花。荚果镰刀状长圆形，长8.7cm，宽2.1cm，扁平，顶端有喙，嫩荚呈不均匀绿色，成熟时黄白色至黄褐色，结荚期6～12月。籽粒近肾形或菱形，扁平，有放射形暗纹，长16.2mm，宽11.2mm，红色，种脐白色，每荚粒数3.5粒，百粒重62.9g，单株荚果（成熟荚）数13个。当地农民认为该品种籽粒大、优质。
【优异特性与利用价值】耐寒，鲜豆可以作蔬菜食用，老豆粒（籽粒）供食用，营养价值高，且具滋补调养之功效，夏食消暑提神，冬食补脾养胃，也可作为育种材料。
【濒危状况及保护措施建议】建议扩大种植面积，妥善异位保存。挖掘加工利用，形成产业体系。

4 瑞安白银豆

【学　名】Leguminosae（豆科）*Phaseolus*（菜豆属）*Phaseolus lunatus*（利马豆）。
【采集地】浙江省温州市瑞安市。

【主要特征特性】缠绕植物，无限结荚习性，茎绿色，耐寒，主茎分枝数3.0个，茎粗11.0mm。总状花序腋生，花冠白色、黄色两种，旗瓣扁长圆形、先端微缺、黄绿色，翼瓣倒卵形、白色或黄色。4月中旬播种，6月初开花。荚果镰刀状长圆形，长8.6cm，宽2.2cm，扁平，顶端有喙，嫩荚呈不均匀绿色，成熟时黄白色至黄褐色，结荚期6～12月。籽粒近肾形，扁平，有放射形暗纹，长15.9mm，宽11.0mm，白色，种脐白色，每荚粒数2.9粒，百粒重63.0g，单株荚果（成熟荚）数21个。夏季高温时不结荚，秋季耐冷。当地农民认为该品种具补肾的功效，亩产500～600kg。

【优异特性与利用价值】蝶形花小，花冠有黄色、白色两种，嫩荚不均匀绿色，成熟后黄白色至黄褐色，籽粒白色，百粒重63.0g。鲜豆可以作蔬菜食用，老豆粒（籽粒）供食用，营养价值高，且具滋补调养之功效，夏食消暑提神，冬食补脾养胃，农户认为可以补肾，也可作为育种材料。

【濒危状况及保护措施建议】建议扩大种植面积，妥善异位保存。挖掘加工利用，形成产业体系。

5 仙居白扁豆

【学　名】Leguminosae（豆科）*Phaseolus*（菜豆属）*Phaseolus lunatus*（利马豆）。
【采集地】浙江省台州市仙居县。

【主要特征特性】缠绕植物，无限结荚习性，茎绿色，茎秆细，耐寒，主茎分枝数5.7个，茎粗8.8mm。总状花序腋生，花冠白色、黄色两种，旗瓣黄绿色，翼瓣白色或黄色。4月中旬播种，6月初开花。荚果镰刀状长圆形，长8.6cm，宽2.0cm，扁平，顶端有喙，嫩荚呈不均匀绿色，成熟时黄白色至黄褐色，结荚期6～12月。籽粒近肾形，扁平，有放射形暗纹，长14.9mm，宽10.7mm，白色，种脐白色，每荚粒数3.7粒，百粒重60.0g，单株荚果（成熟荚）数14个。当地农民认为该品种可治肺病，剥壳吃豆，煮熟后软、可口。
【优异特性与利用价值】耐寒，不耐热。鲜豆可以作蔬菜食用，老豆粒（籽粒）供食用，营养价值高，且具滋补调养之功效，夏食消暑提神，冬食补脾养胃，也可作为育种材料。
【濒危状况及保护措施建议】建议扩大种植面积，妥善异位保存。挖掘加工利用，形成产业体系。

第三节 豇 豆

1 东阳乌豇豆

【学 名】Leguminosae（豆科）*Vigna*（豇豆属）*Vigna unguiculata*（豇豆种）。
【采集地】浙江省金华市东阳市。

【主要特征特性】半蔓生，有限结荚习性，早熟，株高106.0cm，茎粗11.4mm，主茎节数11.3节，幼茎绿色，主茎绿色，主茎分枝数9.3个。出苗期，两个子叶为心形，总状花序腋生，花冠浅紫色，旗瓣、翼瓣浅紫色。7月2日播种，8月9日始花。荚果下垂，带状，荚果长20.6cm、宽0.9cm，成熟荚黄褐色，每荚粒数14.4粒，籽粒长8.8mm、宽5.7mm，肾形，黑色，脐环褐色，种脐白色、凸出。百粒重15.1g，单株荚果数11.4个。当地农民认为该品种品质优，耐热、耐贫瘠。
【优异特性与利用价值】籽粒肾形、黑色，早熟。可做馅，茎叶可作饲料和绿肥，也可作为育种材料利用。
【濒危状况及保护措施建议】建议扩大种植面积，妥善异位保存。

2 景宁饭豆

【学　名】Leguminosae（豆科）*Vigna*（豇豆属）*Vigna unguiculata*（豇豆种）。
【采集地】浙江省丽水市景宁县。

【主要特征特性】蔓生，无限结荚习性，早熟，株高190cm，茎粗12.7mm，主茎节数21.7节，幼茎绿色，主茎绿色，主茎分枝数8.7个。出苗期，两个子叶为心形，总状花序腋生，花冠浅紫色，旗瓣、翼瓣浅紫色。7月2日播种，9月1日始花。荚果下垂，带状，荚果长18.8cm、宽1.0cm，成熟荚黄白色，每荚粒数15.0粒。籽粒长8.1mm、宽6.3mm，肾形，白色，脐环褐色，种脐白色、凸出。百粒重19.8g，单株荚果数9.7个。
【优异特性与利用价值】籽粒肾形、白色，早熟。可煮粥、做馅，茎叶可作饲料和绿肥，也可作为育种材料利用。
【濒危状况及保护措施建议】建议扩大种植面积，妥善异位保存。

3 浦江土乌豇

【学　名】Leguminosae（豆科）*Vigna*（豇豆属）*Vigna unguiculata*（豇豆种）。
【采集地】浙江省金华市浦江县。

【主要特征特性】半蔓生，有限结荚习性，早熟，株高77cm，茎粗9.0mm，主茎节数17.0节，幼茎绿色，主茎绿色，主茎分枝数8.3个。出苗期，两个子叶为心形，总状花序腋生，花冠浅紫色，旗瓣、翼瓣浅紫色。7月2日播种，8月9日始花。荚果下垂，带状，荚果长15.7cm、宽0.7cm，成熟荚黄白色，每荚粒数10.6粒。籽粒长8.9mm、宽5.7mm，肾形，黑色，脐环褐色，种脐白色、凸出。百粒重14.1g，单株荚果数10.4个。当地农民认为该品种品质优，耐贫瘠。
【优异特性与利用价值】籽粒肾形、黑色，早熟。可煮粥、做馅，茎叶可作饲料和绿肥，也可作为育种材料利用。
【濒危状况及保护措施建议】建议扩大种植面积，妥善异位保存。

4 松阳白饭豆

【学　名】Leguminosae（豆科）*Vigna*（豇豆属）*Vigna unguiculata*（豇豆种）。
【采集地】浙江省丽水市松阳县。

【主要特征特性】蔓生，无限结荚习性，早熟，株高203cm，茎粗9.1mm，主茎节数16.0节，幼茎绿色，主茎绿色，主茎分枝数4.7个。出苗期，两个子叶为心形，总状花序腋生，花冠乳白色，旗瓣乳、翼瓣乳白色。7月2日播种，8月9日始花。荚果下垂，带状，荚果长20.5cm，宽1.0cm，成熟荚黄褐色，每荚粒数14.8粒。籽粒长8.1mm、宽5.6mm，肾形，白色，脐环褐色，种脐白色、凸出。百粒重14.8g。当地农民认为该品种耐贫瘠。

【优异特性与利用价值】籽粒肾形、白色，早熟。可煮粥、做馅，茎叶可作饲料和绿肥，也可作为育种材料利用。

【濒危状况及保护措施建议】建议扩大种植面积，妥善异位保存。

参 考 文 献

陈怀珠, 梁江, 曾维英, 等. 2020. 广西农作物种质资源・大豆卷. 北京: 科学出版社.

刘旭, 郑殿生, 黄兴奇. 2013. 云南及周边地区农业生物资源调查. 北京: 科学出版社.

罗高玲, 等. 2020. 广西农作物种质资源・食用豆类作物卷. 北京: 科学出版社.

邱丽娟, 常汝镇. 2006. 大豆种质资源描述规范和数据标准. 北京: 中国农业出版社.

阮晓亮, 石建尧. 2008. 浙江省农作物种质资源现状与保护利用对策的探讨. 浙江农业科学, (1): 1-4.

吴伟, 卞晓波, 童琦珏. 2015. 浙江省农作物种质资源保护利用管理工作思考. 浙江农业科学, 56(5): 722-726.

郁晓敏, 金杭霞, 袁凤杰. 2020. 浙江省大豆种质资源的收集与评价. 浙江农业科学, 61(1): 26-28.

郁晓敏, 徐刚勇, 柯甫志, 等. 2019. 衢江区农作物种质资源调查与收集. 浙江农业科学, 60(11): 2138-2141.

浙江省统计局. 2021. 浙江统计年鉴2021. http://tjj.zj.gov.cn/col/col1525563/index.html [2022-8-31].

附　　表

附表1　大豆资源基本性状

序号	作物名称	品种	类型	出苗至成熟天数	子叶节至植株生长点距离（cm）	结荚习性	叶片形状	叶色	花色	茸毛色	主茎节数（节）	单株荚果数（个）	籽粒形状	种皮色	子叶色	种脐色	百粒重（g）	采集地
1	大豆	浦江野黑豆	野生	100	150.0	无限	椭圆	深绿	紫	棕			椭圆	黑	黄	黑	2.5	金华市浦江县
2	大豆	野大豆	野生	100～160	500.0	无限	披针	深绿	浅紫	棕			椭圆	黑	黄	深褐	2.1	杭州市富阳区
3	大豆	岔路早豆	春大豆	70	57.0	有限	椭圆	深绿	白	棕			扁椭圆	黄	黄	褐	11.5	宁波市宁海县
4	大豆	淳安六月白豆	春大豆	70	80.0	有限	椭圆	深绿	白	棕			圆	黄	黄	黑	15.5	杭州市淳安县
5	大豆	淳安六月青皮豆	春大豆	75	45.0	有限	椭圆	深绿	紫	棕			圆	绿	黄	黑	14.5	杭州市淳安县
6	大豆	浦江羊毛豆	春大豆	70	48.0	有限	椭圆	深绿	紫	灰			圆	黄	黄	褐	13.5	金华市浦江县
7	大豆	芹阳六月豆	春大豆	70	69.0	有限	椭圆	深绿	紫	棕			椭圆	黑	黄	黑	9.5	衢州市开化县
8	大豆	天台细毛白	春大豆	75	40.0	有限	椭圆	深绿	紫	棕			椭圆	黄	黄	褐	14.5	台州市天台县
9	大豆	安阳黑豆	夏大豆	100	68.0	有限	椭圆	深绿	紫	棕			椭圆	黑	绿	黑	29.5	杭州市淳安县

续表

序号	作物名称	品种	类型	出苗至成熟天数	子叶节至植株生长点距离（cm）	结荚习性	叶片形状	叶色	花色	茸毛色	主茎节数（节）	单株荚果数（个）	籽粒形状	种皮色	子叶色	种脐色	百粒重（g）	采集地
10	大豆	薄壳小粒七月拔	夏大豆	80	45.6	有限	卵圆	深绿	白	棕	14.2	33.6	椭圆	黄	黄	褐	19.9	杭州市桐庐县
11	大豆	毛豆	夏大豆	78	55.3	有限	卵圆	深绿	白	棕	15.0	28.2	椭圆	黄	黄	深褐	24.9	丽水市庆元县
12	大豆	本地毛豆	夏大豆	78	54.5	有限	卵圆	深绿	白	棕	14.7	36.3	椭圆	黄	黄	深褐	24.4	绍兴市上虞区
13	大豆	迟毛豆	夏大豆	86	68.5	有限	卵圆	深绿	白	棕	13.3	35.6	椭圆	黄	黄	浅褐	23.4	杭州市富阳区
14	大豆	大均黑豆	夏大豆	105	59.0	有限	椭圆	深绿	紫	棕			椭圆	黑	黄	黑	28.5	丽水市景宁县
15	大豆	大青豆	夏大豆	89	60.3	有限	卵圆	深绿	深紫	棕	13.3	25.6	扁椭圆	绿	绿	黑	39.1	杭州市临安区
16	大豆	东阳撒豆	夏大豆	120	76.0	有限	椭圆	深绿	紫	棕			扁椭圆	黑	黄	黑	12.5	金华市东阳市
17	大豆	芳庄田岸豆	夏大豆	105	92.0	有限	椭圆	深绿	白	棕			椭圆	黄	黄	褐	27.5	温州市瑞安市
18	大豆	芳庄乌豆	夏大豆	100	44.0	有限	椭圆	深绿	紫	棕			扁圆	黑	黄	黑	26.5	温州市瑞安市
19	大豆	奉化田塍豆	夏大豆	105	63.0	有限	椭圆	深绿	紫	灰			圆	黄	黄	褐	43.5	宁波市奉化区
20	大豆	奉化小黄豆	夏大豆	105	80.0	有限	椭圆	深绿	白	棕			椭圆	黄	黄	褐	37.5	宁波市奉化区

续表

序号	作物名称	品种	类型	出苗至成熟天数	子叶节至植株生长点距离（cm）	结荚习性	叶片形状	叶色	花色	茸毛色	主茎节数（节）	单株荚果数（个）	籽粒形状	种皮色	子叶色	种脐色	百粒重（g）	采集地
21	大豆	更楼黑豆	夏大豆	105	87.0	有限	椭圆	深绿	紫	棕			椭圆	黑	绿	黑	39.5	杭州市建德市
22	大豆	景宁青皮豆	夏大豆	100	62.0	有限	椭圆	深绿	紫	灰			椭圆	浅绿	黄	褐	28.5	丽水市景宁县
23	大豆	兰溪乌豆	夏大豆	100	60.0	有限	椭圆	深绿	紫	棕			圆	黑	绿	黑	28.5	金华市兰溪市
24	大豆	丽水九月黄	夏大豆	100	148.0	有限	椭圆	深绿	紫	棕			椭圆	黄	黄	褐	23.5	丽水市莲都区
25	大豆	莲都贼勿要	夏大豆	105	97.0	有限	椭圆	深绿	紫	棕			椭圆	黄	黄	褐	24.5	丽水市莲都区
26	大豆	临海十月豆	夏大豆	100	51.0	有限	椭圆	深绿	紫	灰			圆	黄	黄	褐	27.5	台州市临海市
27	大豆	平湖黑眼睛毛豆	夏大豆	100	66.0	有限	椭圆	深绿	紫	棕			圆	黄	黄	黑	44.5	嘉兴市平湖市
28	大豆	濮院青豆	夏大豆	105	80.0	有限	椭圆	深绿	紫	棕			扁椭圆	绿	绿	深褐	36.5	嘉兴市桐乡市
29	大豆	浦江二粒乌	夏大豆	100	91.6	有限	椭圆	深绿	白	棕			圆	黑	绿	黑	34.5	金华市浦江县
30	大豆	浦江黑扎豆	夏大豆	100	205.0	亚有限	椭圆	深绿	紫	棕			扁椭圆	黑	黄	黑	11.5	金华市浦江县
31	大豆	浦江田塍豆	夏大豆	105	71.0	有限	椭圆	深绿	紫	棕			椭圆	绿	黄	黑	43.5	金华市浦江县

续表

序号	作物名称	品种	类型	出苗至成熟天数	子叶节至植株生长点距离（cm）	结荚习性	叶片形状	叶色	花色	茸毛色	主茎节数（节）	单株荚果数（个）	籽粒形状	种皮色	子叶色	种脐色	百粒重（g）	采集地
32	大豆	浦阳黑荚豆	夏大豆	105	88.0	有限	椭圆	深绿	紫	棕			椭圆	黄	黄	褐	32.5	金华市浦江县
33	大豆	瑞安乌豆	夏大豆	105	75.0	有限	椭圆	深绿	紫	棕			椭圆	黑	黄	黑	26.5	温州市瑞安市
34	大豆	上虞十月拔	夏大豆	105	95.0	有限	椭圆	深绿	紫	棕			椭圆	绿	绿	黑	35.5	绍兴市上虞区
35	大豆	嵊县清明豆	夏大豆	76	38.4	有限	卵圆	深绿	浅紫	棕	11.7	28.3	椭圆	黄	黄	黑	17.7	绍兴市嵊州市
36	大豆	桐店乌皮青仁豆	夏大豆	105	94.0	有限	椭圆	深绿	紫	棕			椭圆	黑	绿	黑	26.5	金华市浦江县
37	大豆	桐乡黑皮黄豆	夏大豆	105	92.0	有限	椭圆	深绿	紫	棕			扁椭圆	黑	黄	黑	43.5	嘉兴市桐乡市
38	大豆	桐乡青豆	夏大豆	105	91.0	有限	椭圆	深绿	紫	棕			椭圆	绿	绿	褐	41.5	嘉兴市桐乡市
39	大豆	桐乡蛇青扁豆	夏大豆	100	75.0	有限	椭圆	深绿	紫	灰			扁椭圆	绿	黄	黑	42.5	嘉兴市桐乡市
40	大豆	文成乌豆	夏大豆	105	85.0	有限	椭圆	深绿	白	棕			椭圆	黑	黄	黑	29.5	温州市文成县
41	大豆	永康马料豆	夏大豆	105	83.0	有限	椭圆	深绿	紫	棕			扁椭圆	黑	黄	黑	13.5	金华市永康市
42	大豆	安吉黑豆	秋大豆	95	64.0	有限	椭圆	深绿	紫	棕			圆	黑	绿	黑	42.5	湖州市安吉县

续表

序号	作物名称	品种	类型	出苗至成熟天数	子叶节至植株生长点距离（cm）	结荚习性	叶片形状	叶色	花色	茸毛色	主茎节数（节）	单株荚果数（个）	籽粒形状	种皮色	子叶色	种脐色	百粒重（g）	采集地
43	大豆	常山老鼠牙	秋大豆	100	45.0	有限	椭圆	深绿	紫	灰			圆	黄	黄	褐	16.5	衢州市常山县
44	大豆	淳安红荚白豆	秋大豆	90	49.0	有限	椭圆	深绿	紫	棕			圆	黄	黄	褐	21.5	杭州市淳安县
45	大豆	淳安灰荚白豆	秋大豆	95	62.1	有限	椭圆	深绿	紫	灰			圆	黄	黄	褐	24.5	杭州市淳安县
46	大豆	大莱青丰豆	秋大豆	95	81.0	有限	椭圆	深绿	紫	棕			长椭圆	浅绿	黄	褐	30.5	金华市武义县
47	大豆	大麻黄豆	秋大豆	95	87.0	有限	椭圆	深绿	紫	灰			椭圆	黄	黄	褐	44.5	嘉兴市桐乡市
48	大豆	大堰黄豆	秋大豆	90	90.0	有限	椭圆	深绿	紫	灰			圆	黄	黄	褐	45.5	宁波市奉化区
49	大豆	定海八月豆	秋大豆	95	68.0	有限	椭圆	深绿	紫	棕			椭圆	黄	黄	褐	37.5	舟山市定海区
50	大豆	定海九月豆	秋大豆	95	75.0	有限	椭圆	深绿	紫	棕			扁椭圆	绿	黄	黑	39.5	舟山市定海区
51	大豆	东阳蜂窝豆	秋大豆	90	40.0	有限	椭圆	深绿	紫	灰			圆	黄	黄	褐	19.5	金华市东阳市
52	大豆	方家青皮青仁豆	秋大豆	95	86.0	有限	椭圆	深绿	紫	棕			椭圆	绿	绿	黑	38.5	金华市浦江县
53	大豆	奉化黄豆	秋大豆	100	103.0	有限	椭圆	深绿	白	棕			圆	黄	黄	褐	43.5	宁波市奉化区

续表

序号	作物名称	品种	类型	出苗至成熟天数	子叶节至植株生长点距离（cm）	结荚习性	叶片形状	叶色	花色	茸毛色	主茎节数（节）	单株荚果数（个）	籽粒形状	种皮色	子叶色	种脐色	百粒重（g）	采集地
54	大豆	海盐冻杀绿毛豆	秋大豆	95	85.0	有限	椭圆	深绿	紫	棕			椭圆	绿	绿	黑	39.5	嘉兴市海盐县
55	大豆	海盐冻杀毛豆	秋大豆	95	78.0	有限	椭圆	深绿	紫	棕			圆	黄	黄	褐	32.5	嘉兴市海盐县
56	大豆	洪桥大粒豆	秋大豆	95	91.0	有限	椭圆	深绿	紫	灰			椭圆	黄	黄	黄	32.5	湖州市长兴县
57	大豆	建德黄豆	秋大豆	90	65.0	有限	椭圆	深绿	紫	灰			圆	黄	黄	褐	24.5	杭州市建德市
58	大豆	江北黄豆	秋大豆	95	78.0	有限	椭圆	深绿	紫	棕			椭圆	绿	黄	黑	35.5	湖州市长兴县
59	大豆	江山三花豆	秋大豆	85	50.0	有限	椭圆	深绿	紫	灰			圆	黄	黄	褐	19.5	衢州市江山市
60	大豆	江山乌稍豆	秋大豆	95	71.0	有限	椭圆	深绿	紫	棕			圆	黑	黄	黑	27.5	衢州市江山市
61	大豆	江西青豆	秋大豆	90	43.0	有限	椭圆	深绿	紫	棕			椭圆	浅绿	黄	褐	22.5	杭州市淳安县
62	大豆	景宁九月黄	秋大豆	95	54.0	有限	椭圆	深绿	白	灰			圆	黄	黄	褐	27.5	丽水市景宁县
63	大豆	开化矮脚早	秋大豆	90	59.0	有限	椭圆	深绿	紫	灰			圆	黄	黄	褐	25.5	衢州市开化县
64	大豆	开化毛豆	秋大豆	90	61.0	有限	椭圆	深绿	紫	灰			椭圆	黄	黄	褐	25.5	衢州市开化县

续表

序号	作物名称	品种	类型	出苗至成熟天数	子叶节至植株生长点距离（cm）	结荚习性	叶片形状	叶色	花色	茸毛色	主茎节数（节）	单株荚果数（个）	籽粒形状	种皮色	子叶色	种脐色	百粒重（g）	采集地
65	大豆	开化野猪戳	秋大豆	95	75.0	有限	椭圆	深绿	紫	灰			圆	黄	黄	褐	28.5	衢州市开化县
66	大豆	兰溪黑嘴小黄豆	秋大豆	90	65.0	有限	椭圆	深绿	紫	棕			椭圆	黄	黄	褐	23.5	金华市兰溪市
67	大豆	莲都老竹田岸豆	秋大豆	95	72.0	有限	椭圆	深绿	紫	灰			椭圆	黄	黄	褐	22.5	丽水市莲都区
68	大豆	临安白豆	秋大豆	90	79.0	有限	椭圆	深绿	紫	棕			椭圆	黄	黄	褐	22.5	杭州市临安区
69	大豆	临安黄豆	秋大豆	95	52.0	有限	椭圆	深绿	紫	棕			圆	绿	黄	黑	18.5	杭州市临安区
70	大豆	临安霜降青	秋大豆	100	80.0	有限	椭圆	深绿	紫	棕			椭圆	绿	绿	黑	48.5	杭州市临安区
71	大豆	灵昆大豆	秋大豆	95	85.0	有限	椭圆	深绿	紫	灰			椭圆	黄	黄	黄	35.5	温州市洞头区
72	大豆	龙游黑豆	秋大豆	100	62.0	有限	椭圆	深绿	紫	棕			椭圆	黑	绿	黑	39.5	衢州市龙游县
73	大豆	龙游金黄豆	秋大豆	90	62.0	有限	椭圆	深绿	紫	灰			圆	黄	黄	褐	27.5	衢州市龙游县
74	大豆	煤山黄豆	秋大豆	95	75.0	有限	椭圆	深绿	白	灰			椭圆	黄	黄	褐	33.5	湖州市长兴县
75	大豆	煤山乌青豆	秋大豆	100	67.0	有限	椭圆	深绿	紫	棕			椭圆	绿	绿	黑	34.5	湖州市长兴县

续表

序号	作物名称	品种	类型	出苗至成熟天数	子叶节至植株生长点距离（cm）	结荚习性	叶片形状	叶色	花色	茸毛色	主茎节数（节）	单株荚果数（个）	籽粒形状	种皮色	子叶色	种脐色	百粒重（g）	采集地
76	大豆	南阳大豆	秋大豆	95	88.0	有限	椭圆	深绿	紫	灰			椭圆	黄	黄	褐	29.5	湖州市长兴县
77	大豆	濮院黄豆	秋大豆	100	78.0	有限	椭圆	深绿	白	灰			椭圆	黄	黄	褐	41.5	嘉兴市桐乡市
78	大豆	浦江平二青壳豆	秋大豆	90	74.0	有限	椭圆	深绿	紫	棕			圆	绿	黄	褐	27.5	金华市浦江县
79	大豆	浦江三粒乌	秋大豆	95	76.0	有限	椭圆	深绿	紫	棕			椭圆	黑	绿	黑	33.5	金华市浦江县
80	大豆	浦江一箩豆	秋大豆	90	50.0	有限	椭圆	深绿	紫	灰			圆	黄	黄	褐	22.5	金华市浦江县
81	大豆	乾潭黄豆	秋大豆	85	54.0	有限	椭圆	深绿	紫	棕			圆	黄	黄	褐	22.5	杭州市建德市
82	大豆	庆元大黄豆	秋大豆	90	57.0	有限	椭圆	深绿	紫	棕			椭圆	黄	黄	黑	27.5	丽水市庆元县
83	大豆	庆元黑豆	秋大豆	80	67.0	有限	椭圆	深绿	白	棕			扁椭圆	黑	黄	黑	23.5	丽水市庆元县
84	大豆	庆元黄豆-1	秋大豆	90	59.0	有限	椭圆	深绿	紫	灰			圆	黄	黄	褐	27.5	丽水市庆元县
85	大豆	庆元黄豆-2	秋大豆	85	68.0	有限	椭圆	深绿	紫	灰			椭圆	黄	黄	黄	19.5	丽水市庆元县
86	大豆	庆元六月黄	秋大豆	80	64.0	有限	椭圆	深绿	紫	灰			圆	黄	黄	褐	24.5	丽水市庆元县

续表

序号	作物名称	品种	类型	出苗至成熟天数	子叶节至植株生长点距离（cm）	结荚习性	叶片形状	叶色	花色	茸毛色	主茎节数（节）	单株荚果数（个）	籽粒形状	种皮色	子叶色	种脐色	百粒重（g）	采集地
87	大豆	衢江黑马料豆	秋大豆	100	80.0	亚有限	椭圆	深绿	紫	棕			扁椭圆	黑	黄	黑	8.5	衢州市衢江区
88	大豆	衢江马料豆	秋大豆	90	65.0	亚有限	椭圆	深绿	紫	棕			扁椭圆	褐	黄	褐	7.5	衢州市衢江区
89	大豆	三界大毛豆	秋大豆	100	88.0	有限	椭圆	深绿	白	棕			扁椭圆	绿	黄	黑	48.5	绍兴市嵊州市
90	大豆	沙湾绿皮豆	秋大豆	90	67.0	有限	椭圆	深绿	白	棕			椭圆	绿	黄	褐	19.5	丽水市景宁县
91	大豆	上虞八月拔黑毛豆	秋大豆	100	90.0	有限	椭圆	深绿	紫	灰			椭圆	黑	绿	黑	42.5	绍兴市上虞区
92	大豆	松阳乌豆	秋大豆	85	74.0	有限	椭圆	深绿	紫	灰			椭圆	黑	黄	黑	17.5	丽水市松阳县
93	大豆	遂昌矮脚豆	秋大豆	95	47.0	有限	椭圆	深绿	紫	棕			圆	黄	黄	褐	24.5	丽水市遂昌县
94	大豆	桐乡八月黄	秋大豆	90	74.0	有限	椭圆	深绿	紫	棕			扁椭圆	浅绿	黄	黑	27.5	嘉兴市桐乡市
95	大豆	桐乡青乌豆	秋大豆	95	73.0	有限	椭圆	深绿	紫	棕			扁椭圆	黄黑双色	黄	黑	47.5	嘉兴市桐乡市
96	大豆	桐乡十家香	秋大豆	95	76.0	有限	椭圆	深绿	紫	灰			扁椭圆	黄	黄	褐	48.5	嘉兴市桐乡市
97	大豆	桐乡十月黄	秋大豆	100	81.0	有限	椭圆	深绿	紫	灰			圆	黄	黄	黑	53.5	嘉兴市桐乡市

续表

序号	作物名称	品种	类型	出苗至成熟天数	子叶节至植株生长点距离（cm）	结荚习性	叶片形状	叶色	花色	茸毛色	主茎节数（节）	单株荚果数（个）	籽粒形状	种皮色	子叶色	种脐色	百粒重（g）	采集地
98	大豆	文成九月黄	秋大豆	95	85.0	有限	椭圆	深绿	紫	灰			椭圆	黄	黄	褐	31.5	温州市文成县
99	大豆	武义蜂窝豆	秋大豆	95	64.0	有限	椭圆	深绿	紫	灰			椭圆	黄	黄	褐	29.5	金华市武义县
100	大豆	萧山八月半	秋大豆	95	69.0	有限	椭圆	深绿	紫	灰			椭圆	黄	黄	褐	28.5	杭州市萧山区
101	大豆	新昌六月豆	秋大豆	100	67.0	有限	椭圆	深绿	白	棕			椭圆	黄	黄	褐	28.5	绍兴市新昌县
102	大豆	新昌秋豆	秋大豆	95	83.0	有限	椭圆	深绿	白	灰			椭圆	黄	黄	褐	43.5	绍兴市新昌县
103	大豆	新宅章子乌	秋大豆	100	76.0	有限	椭圆	深绿	紫	棕			椭圆	黑	绿	黑	43.5	金华市武义县
104	大豆	宜山黑豆	秋大豆	100	88.0	有限	椭圆	深绿	紫	棕			椭圆	黑	绿	黑	49.5	温州市苍南县
105	大豆	长兴八月黄	秋大豆	95	82.0	有限	椭圆	深绿	紫	灰			椭圆	黄	黄	褐	36.5	湖州市长兴县
106	大豆	长兴扁青	秋大豆	90	81.0	有限	椭圆	深绿	紫	棕			扁椭圆	绿	黄	褐	40.5	湖州市长兴县
107	大豆	长兴黄豆	秋大豆	80	35.0	有限	椭圆	深绿	白	灰			椭圆	绿	黄	黄	30.5	湖州市长兴县
108	大豆	长兴黄皮黄豆	秋大豆	95	83.0	有限	椭圆	深绿	紫	灰			圆	黄	黄	褐	41.5	湖州市长兴县
109	大豆	长兴七月毛黄豆	秋大豆	95	59.0	有限	椭圆	深绿	紫	灰			椭圆	黄	黄	褐	33.5	湖州市长兴县

续表

序号	作物名称	品种	类型	出苗至成熟天数	子叶节至植株生长点距离（cm）	结荚习性	叶片形状	叶色	花色	茸毛色	主茎节数（节）	单株荚果数（个）	籽粒形状	种皮色	子叶色	种脐色	百粒重（g）	采集地
110	大豆	长兴七月毛青豆	秋大豆	95	77.0	有限	椭圆	深绿	紫	棕			椭圆	绿	黄	黑	32.5	湖州市长兴县
111	大豆	长兴青豆	秋大豆	95	74.0	有限	椭圆	深绿	紫	棕			椭圆	绿	绿	黑	38.5	湖州市长兴县
112	大豆	长兴青皮黄豆	秋大豆	95	89.0	有限	椭圆	深绿	紫	棕			椭圆	绿	黄	黑	45.5	湖州市长兴县
113	大豆	长兴晚熟青豆	秋大豆	105	74.0	有限	椭圆	深绿	紫	棕			椭圆	绿	绿	褐	30.5	湖州市长兴县
114	大豆	中洲八月豆	秋大豆	80	42.0	有限	椭圆	深绿	紫	灰			圆	黄	黄	褐	19.5	杭州市淳安县
115	大豆	中洲冬豆	秋大豆	70	51.0	有限	椭圆	深绿	紫	灰			圆	黄	黄	褐	34.5	杭州市淳安县
116	大豆	中洲窄叶冬豆	秋大豆	90	51.0	有限	椭圆	深绿	紫	灰			圆	黄	黄	褐	34.5	杭州市淳安县
117	大豆	诸暨大豆	秋大豆	95	71.0	有限	椭圆	深绿	白	灰			圆	黄	黄	褐	44.5	绍兴市诸暨市
118	大豆	竹口黄豆	秋大豆	95	60.0	有限	椭圆	深绿	紫	灰			圆	黄	黄	褐	26.5	丽水市庆元县
		最小值		70	35.0						11.7	25.6					7.5	
		最大值		120	205.0						15.0	36.3					53.5	
		平均		93.9	71.7						13.7	31.3					30.2	

附表2 蚕豆资源基本性状

序号	作物名称	品种	播种至采收鲜荚天数	粒型	株高（cm）	节间数	单株分枝数	叶色	小叶形状	茎秆色	花翼瓣色	花序花数	初荚节位	单株荚果数	鲜荚色	鲜荚长（cm）	鲜荚宽（cm）	鲜荚重（g）	籽粒色	种脐色	百粒重（g）	采集地
1	蚕豆	大门小青蚕豆	128	中粒	100	23	7	深绿	卵圆	紫	黑	5～6	3	74	绿	8.0	1.9	7.8	深绿	黑、绿	96	温州市洞头区
2	蚕豆	大云蚕豆	183	大粒	105	17	5	绿	卵圆	紫斑纹	黑	3	4	17	绿	11.5	2.4	19.0	绿、褐	黑、绿	168	嘉兴市嘉善县
3	蚕豆	洞头小粒青	124	小粒	85	20	8	深绿	卵圆	紫斑纹	黑	5	3	86	绿	8.8	1.8	8.2	浅绿、浅褐	黑	62	温州市洞头区
4	蚕豆	干窑蚕豆	180	大粒	95	20	6	绿	卵圆	紫斑纹	黑	3	4	17	绿	10.5	2.2	14.2	绿、褐	黑、绿	142	嘉兴市嘉善县
5	蚕豆	柳城小佛豆	173	中粒	98	20	5	绿	椭圆	紫斑纹	黑	4	4	20	绿	8.0	1.8	8.5	浅绿、褐	黑、浅绿	80	金华市武义县
6	蚕豆	马岙倭豆	183	大粒	107	17	6	绿	卵圆	紫斑纹	黑	4	5	17	绿	12.0	2.5	23.0	浅绿、褐	黑	175	舟山市定海区
7	蚕豆	桃溪佛豆	175	中粒	102	19	5	绿	椭圆	紫斑纹	黑	3	4	18	绿	9.0	1.9	10.1	绿、褐	黑	82	金华市武义县
8	蚕豆	陶山蚕豆	116	小粒	80	19	5	深绿	卵圆	紫、绿	黑	4～6	3	50	绿	7.7	1.6	6.5	浅绿、浅褐	黑	63	温州市瑞安市
9	蚕豆	头陀川豆	179	中粒	105	20	6	绿	椭圆	紫斑纹	黑	3	4	25	绿	8.5	2.1	11.8	绿、褐	黑、浅绿	104	台州市黄岩区
		最小值	116		80	17	5					3	3	17		7.7	1.6	6.5			62	
		最大值	183		107	23	8					5	5	86		12.0	2.5	23.0			175	
		平均	160.1		97.4	19.4	5.9					3.6	3.8	36		9.3	2.0	12.1			108.0	

附表3　饭豆资源基本性状

序号	作物名称	品种	类型	熟期	结荚习性	株高（cm）	茎粗（mm）	主茎节数	主茎分枝数	花色	单株荚果数（个）	荚果长（mm）	荚果宽（mm）	荚果形状	荚果色	每荚粒数	籽粒长（mm）	籽粒宽（mm）	百粒重（g）	籽粒色	种脐色	采集地
1	饭豆	安吉野赤豆	野生	早熟	无限	181	6.2	18.7	2.7	黄	23.6	92.0	4.8	镰刀	褐	8.6	6.4	3.7	5.8	红	白	湖州市安吉县
2	饭豆	东阳野生红赤	野生	晚熟	无限	265	6.7		6.7	黄		93.0～110.0	4.8～5.8	镰刀	褐	8.9	7.1	3.9	9.4	红	白	金华市东阳市
3	饭豆	海盐野生黑小豆	野生	晚熟	无限	190	7.6	13.7	4.0	黄	28.7	97.4	5.4	镰刀	褐	8.4	6.1	3.6	5.5	紫黑花纹	白	嘉兴市海盐县
4	饭豆	海盐野生红小豆	野生	早熟	无限	211	7.1	23.0	2.7	黄	28.4	102.4	6.0	镰刀	褐	8.6	6.6	3.7	5.8	红	白	嘉兴市海盐县
5	饭豆	红皮野赤豆	野生	早熟	无限	257	8.6	25.7	4.3	黄	62.2	101.6	5.4	镰刀	褐	9.4	6.0	3.6	5.2	红	白	嘉兴市桐乡市
6	饭豆	嘉善野赤豆	野生	早熟	无限	188	6.7	18.7	3.7	黄	33.2	90.4	5.2	镰刀	褐	7.6	6.3	3.8	6.0	红	白	嘉兴市嘉善县
7	饭豆	兰溪野生绿豆	野生	早熟	半有限	207	8.7	21.0	4.3	黄	12.4	103.1	4.6	镰刀	褐	12.1	6.0	3.6	5.2	黄（少数红）	白	金华市兰溪市
8	饭豆	平湖黑野赤豆	野生	早熟	无限	266	7.3		7.3	黄		85.0～104.0	4.3～5.4	镰刀	褐	8.0	6.6	3.7	5.7	紫黑	白	嘉兴市平湖市
9	饭豆	平湖红野赤豆	野生	早熟	无限	258	5.3		5.3	黄		85.0～101.0	4.1～5.9	镰刀	褐	7.9	6.8	3.8	6.2	红	白	嘉兴市平湖市
10	饭豆	瑞安野毛豆	野生	中熟	无限	220	3.8	20.7	3.3	黄	19.1	110.6	5.2	镰刀	褐	10.0	6.9	4.2	7.7	黄	白	温州市瑞安市
11	饭豆	绍兴野生赤豆	野生	早熟	无限	150	6.0	16.7	3.0	黄	12.8	88.0	4.4	镰刀	褐	8.8	6.1	3.5	4.9	红	白	绍兴市上虞区

续表

序号	作物名称	品种	类型	熟期	结荚习性	株高（cm）	茎粗（mm）	主茎节数	主茎分枝数	花色	单株荚果数（个）	荚果长（mm）	荚果宽（mm）	荚果形状	荚果色	每荚粒数	籽粒长（mm）	籽粒宽（mm）	百粒重（g）	籽粒色	种脐色	采集地
12	饭豆	绍兴野生黄豆	野生	早熟	无限	217	6.9	20.0	4.7	黄	14.2	94.4	5.6	镰刀	褐	9.0	6.5	3.6	6.2	黄、红	白	绍兴市上虞区
13	饭豆	桐乡野赤豆	野生	早熟	无限	316	8.0		8.0	黄		82.0～99.0	5.0～5.5	镰刀	褐	8.5	6.5	4.1	7.2	红	白	嘉兴市桐乡市
14	饭豆	武义野生米赤豆	野生	早熟	无限	237	7.4	14.7	3.7	黄	21.6	98.8	4.8	镰刀	褐	8.2	6.4	3.7	5.6	红	白	金华市武义县
15	饭豆	野赤豆	野生	早熟	无限	190	7.6	13.7	4.0	黄	28.7	97.4	5.4	镰刀	褐	8.4	6.1	3.6	5.5	红	白	宁波市宁海县
16	饭豆	野红豆	野生	早熟	无限	150	8.0	19.3	4.3	黄	23.3	98.0	4.8	镰刀	褐	8.4	6.4	3.7	5.9	红	白	金华市磐安县
17	饭豆	野生菜豆	野生	早熟	无限	227	9.0	20.7	7.0	黄	21.4	90.2	4.8	镰刀	褐	9.0	5.9	3.5	4.9	红（少数黄）	白	金华市永康市
18	饭豆	野生株株星	野生	早熟	无限	200	5.8	21.3	3.3	黄	18.9	88.4	5.4	镰刀	褐	8.2	6.3	3.7	5.9	红	白	温州市瑞安市
19	饭豆	诸暨野生红豆	野生	早熟	无限	70	8.2	15.0	4.7	黄	58.8	87.2	5.4	镰刀	褐	8.8	5.6	3.3	4.1	红、黄	白	绍兴市诸暨市
20	饭豆	白粒羊角丝	农家品种	早熟	无限	238	5.3	31.7	2.7	黄	60.7	93.2	5.2	镰刀	褐	8.6	6.6	3.4	5.6	黄	白	金华市武义县
21	饭豆	本细豆	农家品种	早熟	无限	125	8.3		8.3	黄		85.0～105.0	4.5～5.1	镰刀	褐	8.8	6.6	3.7	6.1	红	白	绍兴市新昌县
22	饭豆	苍南赤小豆	农家品种	晚熟	无限	257	12.5	15.7	5.3	黄	19.5	110.4	5.8	镰刀	褐	9.8	7.3	4.1	8.6	红	白	温州市苍南县

续表

序号	作物名称	品种	类型	熟期	结荚习性	株高（cm）	茎粗（mm）	主茎节数	主茎分枝数	花色	单株荚果数（个）	荚果长（mm）	荚果宽（mm）	荚果形状	荚果色	每荚粒数	籽粒长（mm）	籽粒宽（mm）	百粒重（g）	籽粒色	种脐色	采集地
23	饭豆	苍南绿豆	农家品种	晚熟	无限	189	6.6	21.7	3.0	黄	33.4	89.4	4.0	镰刀	褐	8.2	5.9	3.4	4.9	黄	白	温州市苍南县
24	饭豆	大粒黄米赤	农家品种	晚熟	无限	273	3.7		3.7	黄		126.0	5.5	镰刀	褐	8.1	8.4	4.3	9.9	黄、褐	白	金华市浦江县
25	饭豆	大粒羊角丝	农家品种	晚熟	无限	267	9.0	22.0	4.7	黄	52.0	117.8	5.8	镰刀	褐	9.2	7.8	4.5	9.9	红、黄	白	金华市武义县
26	饭豆	大洋赤豆	农家品种	早熟	无限	134	9.3	18.0	3.3	黄	88.6	83.4	4.6	镰刀	褐	7.6	5.7	3.3	4.3	红	白	杭州市建德市
27	饭豆	奉化赤豆	农家品种	早熟	有限	122	8.4	19.3	7.0	黄	64.0	101.0	5.0	镰刀	褐	9.0	6.3	3.7	5.9	红	白	宁波市奉化区
28	饭豆	奉化小赤豆	农家品种	晚熟	无限	254	12.0		7.0	黄	51.4	93.2	4.8	镰刀	褐	5.6	7.1	4.1	8.1	黄、红	白	宁波市奉化区
29	饭豆	黑花米赤	农家品种	中熟	无限	265	5.7		5.7	黄		96.0～110.0	4.0～5.0	镰刀	褐	9.0	6.8	3.5	5.5	花斑	白	金华市浦江县
30	饭豆	红黄赤豆	农家品种	早熟	无限	188	8.0	20.7	3.7	黄	40.1	97.8	5.1	镰刀	褐	8.2	6.3	3.5	5.5	红、黄	白	杭州市富阳区
31	饭豆	红粒羊角丝	农家品种	晚熟	无限	138	9.4	20.7	4.3	黄	54.1	90.4	5.0	镰刀	褐	8.8	6.1	3.7	5.8	红	白	金华市武义县
32	饭豆	建德红豆	农家品种	早熟	半有限	146	9.0	19.3	4.3	黄	38.4	113.0	5.5	镰刀	褐	6.3	6.5	3.6	5.6	红	白	杭州市建德市
33	饭豆	江山红赤豆	农家品种	早熟	无限	276	4.7		4.7	黄		100.0～120.0	5.1～5.9	镰刀	褐	9.4	7.0	3.7	10.1	褐	白	衢州市江山市

续表

序号	作物名称	品种	类型	熟期	结荚习性	株高（cm）	茎粗（mm）	主茎节数	主茎分枝数	花色	单株荚果数（个）	荚果长（mm）	荚果宽（mm）	荚果形状	荚果色	每荚粒数	籽粒长（mm）	籽粒宽（mm）	百粒重（g）	籽粒色	种脐色	采集地
34	饭豆	开化米赤豆	农家品种	早熟	无限	114	6.0		6.0	黄		75.0～88.0	4.1～4.8	镰刀	褐	7.7	6.2	3.5	4.9	黄	白	衢州市开化县
35	饭豆	凉须豆	农家品种	晚熟	无限	200				黄				镰刀	褐		7.1	4.5	8.8	黄	白	丽水市景宁县
36	饭豆	凉须豆红	农家品种	晚熟	无限	207	7.1	16.0	5.3	黄	24.5	133.6	6.0	镰刀	褐	9.0	8.2	4.8	11.1	红	白	丽水市景宁县
37	饭豆	龙泉饭豆	农家品种	晚熟	无限	237	7.7	21.0	3.3	黄	29.0	116.0	5.6	镰刀	褐	7.0	7.3	4.2	8.3	红	白	丽水市龙泉市
38	饭豆	蔓生小粒赤豆	农家品种	早熟	无限	172	7.4	24.0	3.0	黄	24.9	108.0	5.2	镰刀	褐	9.0	6.6	3.7	6.2	红	白	杭州市淳安县
39	饭豆	浦江红米赤	农家品种	早熟	无限	150	8.0	19.3	4.3	黄	18.7	88.6	4.6	镰刀	褐	8.6	6.4	3.8	5.9	红	白	金华市浦江县
40	饭豆	浦江黄米豆	农家品种	早熟	无限	288	6.7		6.7	黄		94.0～102.0	4.7～5.5	镰刀	褐	9.1	6.8	3.6	6.5	黄、花斑	白	金华市浦江县
41	饭豆	青斑小豆	农家品种	早熟	无限	223	7.7	24.0	3.7	黄		132.8	6.5	镰刀	褐	7.8	7.3	4.4	9.0	花斑、黄	白	丽水市松阳县
42	饭豆	庆元米赤豆	农家品种	中熟	无限	225	7.2	24.0	4.3	黄	57.6	98.8	5.0	镰刀	褐	7.8	6.6	3.8	6.1	黄	白	丽水市庆元县
43	饭豆	衢江红豆	农家品种	中熟	无限	207	7.5	14.7	5.0	黄	39.5	106.0	4.8	镰刀	褐	8.2	7.3	4.2	8.6	红	白	衢州市衢江区
44	饭豆	衢江小赤豆	农家品种	早熟	无限	136	8.9	24.7	8.7	黄		86.2	4.6	镰刀	褐	8.2	5.4	3.0	3.5	红	白	衢州市衢江区
45	饭豆	上架饭豆	农家品种	中熟	无限	198	8.1	22.7	2.7	黄	17.4	83.2	5.0	镰刀	褐	10.0	8.5	4.8	12.1	黄	白	丽水市遂昌市

续表

序号	作物名称	品种	类型	熟期	结荚习性	株高（cm）	茎粗（mm）	主茎节数	主茎分枝数	花色	单株荚果数（个）	荚果长（mm）	荚果宽（mm）	荚果形状	荚果色	每荚粒数	籽粒长（mm）	籽粒宽（mm）	百粒重（g）	籽粒色	种脐色	采集地
46	饭豆	天台米赤	农家品种	早熟	无限	215	6.8	19.3	3.3	黄	17.0	104.8	5.2	镰刀	褐	9.8	6.1	3.5	7.7	红	白	台州市天台县
47	饭豆	桐乡黑皮小豆	农家品种	早熟	无限	195	7.6	20.7	4.7	黄	54.8	94.0	5.4	镰刀	褐	7.4	6.4	3.9	6.3	紫黑	白	嘉兴市桐乡市
48	饭豆	吴兴小赤黄豆	农家品种	早熟	无限	220	7.5	14.7	2.0	黄	30.2	97.4	4.8	镰刀	褐	8.8	6.3	3.8	5.9	红	白	湖州市吴兴区
49	饭豆	武义羊角希	农家品种	早熟	有限	57	5.6	11.3	2.0	黄	29.9	90.4	4.6	镰刀	褐	9.4	5.7	3.3	4.1	红	白	金华市武义县
50	饭豆	下涯赤豆	农家品种	早熟	无限	197	8.7	19.3	5.0	黄	121.2	95.0	5.0	镰刀	褐	7.8	5.8	3.3	4.3	黄、红	白	杭州市建德市
51	饭豆	仙居米赤	农家品种	晚熟	无限	252	9.1	15.7	4.3	黄	38.2	107.4	5.0	镰刀	褐	9.8	6.8	4.0	6.9	红、黄	白	台州市仙居县
52	饭豆	仙居米赤绿	农家品种	晚熟	无限	247	8.7	20.7	5.3	黄		106.4	5.0	镰刀	褐	9.8	6.4	3.8	6.2	黄、红	白	台州市仙居县
53	饭豆	小赤豆红	农家品种	晚熟	无限	253	10.0	26.3	4.7	黄	73.9	102.6	5.6	镰刀	褐	8.2	6.5	4.0	6.9	红	白	宁波市奉化区
54	饭豆	贼小豆	农家品种	早熟	无限	188	6.1	22.7	3.3	黄	29.0	102.2	5.0	镰刀	褐	8.2	6.5	3.7	5.8	黄、红	白	金华市义乌市
55	饭豆	诸暨白米赤	农家品种	早熟	无限	140	7.3	20.3	5.0	黄	71.5	100.0	4.2	镰刀	褐	8.2	6.1	3.3	4.4	黄	白	绍兴市诸暨市
56	饭豆	紫米赤	农家品种	早熟	无限	90	7.2	20.3	4.3	黄	13.3	90.6	4.4	镰刀	褐	8.0	5.6	3.3	4.3	紫黑花斑	白	金华市浦江县

续表

序号	作物名称	品种	类型	熟期	结荚习性	株高（cm）	茎粗（mm）	主茎节数	主茎分枝数	花色	单株荚果数（个）	荚果长（mm）	荚果宽（mm）	荚果形状	荚果色	每荚粒数	籽粒长（mm）	籽粒宽（mm）	百粒重（g）	籽粒色	种脐色	采集地
		最小值				57	3.7	11.3	2.0		12.4	83.2	4.0			5.6	5.4	3.0	3.5			
		最大值				316	12.5	31.7	8.7		121.2	133.6	6.5			12.1	8.5	4.8	12.1			
		平均				201	7.5	19.9	4.6		38.1	100.0	5.1			8.6	6.5	3.8	6.5			

附表4　扁豆资源基本性状

序号	作物名称	品种	结荚习性	主茎分枝数	茎粗（mm）	花色	单株荚果数	荚果长（cm）	荚果宽（cm）	每荚粒数	籽粒长（mm）	籽粒宽（mm）	百粒重（g）	籽粒色	采集地
1	扁豆	白豆蔻	无限生长	2.7	11.4	白	123	7.2	1.9	3.7	10.7	8.8	41.0	白	衢州市江山市
2	扁豆	白皮扁豆	无限结荚	3.0	8.4	红	19	9.0	2.7	4.7	12.6	9.2	45.2	黑	嘉兴市平湖市
3	扁豆	苍南白扁豆	无限结荚	6.7	14.2	白	226	11.4	8.7	4.2	11.4	8.7	38.9	红褐	温州市苍南县
4	扁豆	苍南扁豆	无限结荚	9.0	12.1	红	171	7.8	2.0	4.2	10.6	8.9	42.4	黑、褐带花斑	温州市苍南县
5	扁豆	淳安白扁节	无限结荚	4.7	10.7	红	57	9.2	2.5	3.0～5.0	12.8	9.0	44.5	黑带花斑	杭州市淳安县
6	扁豆	淳安白花扁节	无限结荚	5.3	12.9	白	35	12.6	1.9	4.3	14.2	8.7	53.3	红褐	杭州市淳安县
7	扁豆	大莱白扁豆	无限结荚	3.3	14.4	白	46	6.9	1.3	4.3	10.8	7.4	37.1	褐	金华市武义县
8	扁豆	大莱土扁豆	无限结荚	7.0	17.0	红	122	8.4	2.3	4.6	12.6	9.6	50.8	紫黑花斑	金华市武义县

续表

序号	作物名称	品种	结荚习性	主茎分枝数	茎粗（mm）	花色	单株荚果数	荚果长（cm）	荚果宽（cm）	每荚粒数	籽粒长（mm）	籽粒宽（mm）	百粒重（g）	籽粒色	采集地
9	扁豆	冬扁豆	无限结荚	5.3	12.0	红	38	8.9	2.7	4.7	12.6	9.0	44.2	黑	杭州市临安区
10	扁豆	奉化白扁豆	无限结荚	6.1	9.0	红	83	8.4	2.4	4.5	12.4	8.9	41.5	黑	宁波市奉化区
11	扁豆	富阳红扁豆	无限结荚	4.7	15.3	红、粉白	108	9.1	2.7	4.4	11.8	9.0	42.8	深褐带花斑	杭州市富阳区
12	扁豆	富阳红花扁豆	无限结荚	3.0	9.4	红	22	9.1	2.7	4.7	13.0	9.4	47.8	黑	杭州市富阳区
13	扁豆	红梗白扁节	无限结荚	4.5	11.9	红	34	13.8	2.7	5.2	13.1	9.2	49.5	黑	杭州市淳安县
14	扁豆	红花红荚扁豆	无限结荚	2.5	11.2	红	26	7.1	2.5	4.0	11.9	8.9	41.4	紫黑花斑	温州市泰顺县
15	扁豆	红荚扁豆	无限结荚	4.3	13.1	红	109	8.4	3.4	4.6	14.1	9.9	55.7	黑	杭州市临安区
16	扁豆	黄岩白扁豆-1	无限结荚	4.3	13.8	白	34	9.0	2.9	5.0	12.5	9.3	44.3	黄	台州市黄岩区
17	扁豆	黄岩白扁豆-2	无限结荚	4.3	16.0	白	37	9.0	2.9	5.0	12.5	9.3	46.7	白	台州市黄岩区
18	扁豆	院桥白扁豆	无限结荚	2.8	10.6	红	38	6.7	1.7	4.7	9.3	7.8	29.5	黑	台州市黄岩区
19	扁豆	黄岩红扁豆	无限结荚	4.3	12.3	红	29	10.2	2.5	5.0	12.4	9.3	45.2	黑	台州市黄岩区
20	扁豆	罗星白扁豆	无限结荚	3.3	10.1	红	22	8.1	3.4	4.0	12.3	9.1	44.5	黑	嘉兴市嘉善县

续表

序号	作物名称	品种	结荚习性	主茎分枝数	茎粗（mm）	花色	单株荚果数	荚果长（cm）	荚果宽（cm）	每荚粒数	籽粒长（mm）	籽粒宽（mm）	百粒重（g）	籽粒色	采集地
21	扁豆	嘉善扁豆-1	无限结荚	3.0	18.9	红	115	8.8	2.4	4.4	11.6	9.3	45.9	黑	嘉兴市嘉善县
22	扁豆	嘉善扁豆-2	无限结荚	5.0	17.0	红	17	7.8	2.2	4.1	11.4	9.0	45.7	黑	嘉兴市嘉善县
23	扁豆	嘉善羊眼豆	无限结荚	3.3	9.0	红	20	13.6	2.9	4.2	12.2	9.8	52.6	紫黑花斑	嘉兴市嘉善县
24	扁豆	荚豆	无限结荚	7.3	10.6	红	40	8.7	2.7	4.8	13.5	9.8	51.7	紫黑花斑	衢州市衢江区
25	扁豆	景宁梁豆	无限结荚	2.7	7.5	红	36	8.1	2.4	4.9	12.2	8.9	42.4	黑	丽水市景宁县
26	扁豆	景宁紫扁豆	无限结荚	4.5	17.1	红	195	11.9	2.2	4.8	13.1	9.3	48.2	黑红	丽水市景宁县
27	扁豆	开化扁豆	无限结荚	5.7	10.4	红	31	7.5	2.5	4.7	12.0	9.5	47.8	黑	衢州市开化县
28	扁豆	柯城红扁豆	无限结荚	2.5	14.5	红	98	8.2	2.5	4.5	11.8	8.9	44.2	黑	衢州市柯城区
29	扁豆	宽扁节	无限结荚	3.3	9.9	红	17	9.7	4.0	4.3	15.4	10.5	64.9	黑或褐	杭州市淳安县
30	扁豆	临安扁豆	无限结荚	9.0	17.9	红	109	12.8	4.0	4.7	15.5	9.9	58.4	黑	杭州市临安区
31	扁豆	临安青扁豆	无限结荚	6.3	10.1	红	79	10.2	3.8	4.8	14.0	9.7	51.5	紫黑	杭州市临安区
32	扁豆	灵昆红扁豆	无限结荚	10.3	17.0	红	110	7.4	2.4	4.5	11.5	8.4	44.1	紫黑花斑	温州市洞头区
33	扁豆	宁海白扁豆	无限结荚	5.5	13.2	红	45	7.4	2.4	4.5	11.5	8.4	40.9	深褐	宁波市宁海县

续表

序号	作物名称	品种	结荚习性	主茎分枝数	茎粗（mm）	花色	单株荚果数	荚果长（cm）	荚果宽（cm）	每荚粒数	籽粒长（mm）	籽粒宽（mm）	百粒重（g）	籽粒色	采集地
34	扁豆	宁海红扁豆	无限结荚	4.8	12.0	红	81	8.2	2.3	5.1	11.5	8.2	34.7	黑	宁波市宁海县
35	扁豆	磐安红扁豆	无限结荚	4.0	17.7	红	225	7.0	2.4	4.4	12.0	9.0	44.2	紫黑花斑	金华市磐安县
36	扁豆	平湖白扁豆	无限结荚	2.3	11.4	白		8.9	2.5	4.9	11.8	9.4	50.8	白	嘉兴市平湖市
37	扁豆	平湖红皮扁豆	无限结荚	2.3	11.4	红	26	7.8	1.9	4.0	10.5	8.7	35.5	紫黑花斑	嘉兴市平湖市
38	扁豆	浦江羊眼豆荚	无限结荚	9.3	9.3	红	28	7.4	2.4	4.5	11.7	9.1	45.6	黑色花斑	金华市浦江县
39	扁豆	青扁豆	无限结荚	4.0	17.7	白	88	11.8	1.6	4.8	13.2	8.6	48.5	红褐花斑	金华市磐安县
40	扁豆	庆元扁豆	无限结荚	4.3	9.7	红	32	8.6	2.6	4.6	11.9	8.9	41.7	紫黑花斑	丽水市庆元县
41	扁豆	庆元紫扁豆	无限结荚	4.5	12.7	红	66	7.5	2.5	4.8	11.7	8.7	40.1	紫黑花斑	丽水市庆元县
42	扁豆	衢江扁豆	无限结荚	6.7	11.5	白	75	5.7	1.5	3.9	9.5	7.7	32.8	黄	衢州市衢江区
43	扁豆	瑞安白扁豆	无限结荚	6.0	7.9	红	34	9.4	2.6	5.3	12.3	9.0	43.0	黑	温州市瑞安市
44	扁豆	瑞安红扁豆	无限结荚	4.8	11.9	红	116	8.0	2.3	4.4	11.6	8.9	43.4	紫黑花斑	温州市瑞安市
45	扁豆	上虞扁眼豆	无限结荚	5.7	11.2	红	40	8.6	2.4	3.8	11.5	9.6	49.6	黑	绍兴市上虞区

续表

序号	作物名称	品种	结荚习性	主茎分枝数	茎粗（mm）	花色	单株荚果数	荚果长（cm）	荚果宽（cm）	每荚粒数	籽粒长（mm）	籽粒宽（mm）	百粒重（g）	籽粒色	采集地
46	扁豆	泰顺白扁豆	无限结荚	4.0	9.2	白		7.1	2.5	4.5	10.3	8.4	50.5	白	温州市泰顺县
47	扁豆	桐乡白扁豆	无限结荚	4.5	12.3	红	86	10.3	2.7	4.0	12.2	8.8	43.9	黑	嘉兴市桐乡市
48	扁豆	桐乡紫扁豆	无限结荚	4.8	15.6	红	115	7.4	1.8	4.0	10.9	9.2	43.6	紫黑花斑	嘉兴市桐乡市
49	扁豆	吴兴白扁豆	无限结荚	2.3	9.6	白	46	8.6	2.6	4.2	11.9	9.7	52.2	白	湖州市吴兴区
50	扁豆	武义白扁豆	无限结荚	6.0	10.4	白	79	7.5	1.9	4.2	11.6	8.6	39.6	红褐	金华市武义县
51	扁豆	萧山扁豆	无限结荚	4.5	11.1	白		7.7	2.8	4.5	12.1	9.1	50.5	红褐	杭州市萧山区
52	扁豆	艳艳豆	无限结荚	4.5	13.9	红	77	8.2	2.1	4.0	11.3	9.3	42.8	紫黑	嘉兴市嘉善县
53	扁豆	羊角扁节	无限结荚	3.6	9.4	红	34	10.0	2.6	5.1	13.0	9.1	48.5	紫黑	杭州市淳安县
54	扁豆	羊眼豆	无限结荚	5.0	13.3	红	112	9.4	2.5	4.8	11.8	8.8	42.1	紫黑花斑	绍兴市诸暨市
55	扁豆	药用白花扁豆	无限结荚	6.0	9.7	白	77	8.9	2.2	4.8	11.2	8.7	41.1	红褐	杭州市建德市
56	扁豆	永嘉白扁豆	无限结荚	10.3	9.3	红	26	7.1	2.4	4.5	11.9	8.9	41.4	紫黑	温州市永嘉县
57	扁豆	舟山扁豆	无限结荚	3.8	11.5	红		15.6	2.8	6.0	13.6	9.2	49.7	紫黑花斑	舟山市定海区

续表

序号	作物名称	品种	结荚习性	主茎分枝数	茎粗（mm）	花色	单株荚果数	荚果长（cm）	荚果宽（cm）	每荚粒数	籽粒长（mm）	籽粒宽（mm）	百粒重（g）	籽粒色	采集地
58	扁豆	紫边扁豆	无限结荚	3.0	11.9	红		15.9	3.4	5.2	14.9	9.7	60.0	紫黑花斑	嘉兴市平湖市
59	扁豆	紫扁节	无限结荚	3.3	10.0	红	34	13.9	2.6	5.5	14.4	9.4	53.5	黑、褐斑	杭州市淳安县
60	扁豆	紫豆角	无限结荚	3.2	9.4	红		7.9	2.2	5.0	11.2	9.4	46.8	黑	嘉兴市桐乡市
		最小值		2.3	7.5		17	5.7	1.3	3.7	9.3	7.4	29.5		
		最大值		10.3	18.9		226	15.9	8.7	6.0	15.5	10.5	64.9		
		平均值		4.8	12.2		70.1	9.1	2.6	4.6	12.2	9.0	45.7		

附表5 绿豆资源基本性状

序号	作物名称	品种	类型	植株形态	全生育期（天）	株高（cm）	主茎节数	主茎分枝数	花色	单株荚果数	荚果长（mm）	荚果宽（mm）	荚果色	每荚粒数	籽粒长（mm）	籽粒宽（mm）	百粒重（g）	籽粒色	种脐色	采集地
1	绿豆	安吉野生绿豆	野生	蔓生	182				浅紫		117.7	6.4	褐	10.1	5.6	4.1	5.8	黑、花斑	白	湖州市安吉县
2	绿豆	黑荚绿豆	地方品种	半蔓生	86	81.5	11.5	4.0	黄	43.0	100.8	5.4	黑	13.6	4.8	3.8	5.5	绿	白	金华市浦江县
3	绿豆	黄荚绿豆	地方品种	直立	86	58.5	11.5	3.5	浅黄	39.5	93.2	5.0	黄白	11.6	5.1	3.9	5.8	绿	白	金华市浦江县
4	绿豆	嘉善绿豆	地方品种	直立	77	54.3	12.0	5.2	浅黄	21.4	123.0	5.9	黑	12.6	4.9	3.7	5.1	绿	白	嘉兴市嘉善县

续表

序号	作物名称	品种	类型	植株形态	全生育期（天）	株高（cm）	主茎节数	主茎分枝数	花色	单株荚果数	荚果长（mm）	荚果宽（mm）	荚果色	每荚粒数	籽粒长（mm）	籽粒宽（mm）	百粒重（g）	籽粒色	种脐色	采集地
5	绿豆	嘉善野生绿豆	野生	蔓生	176				浅黄		63.2	3.8	褐	12.6	3.3	2.8	1.8	褐	白	嘉兴市嘉善县
6	绿豆	嘉兴绿豆	地方品种	直立	50（夏播）	53.0	14.6	2.8	浅黄		95.8	6.2	黑	9.9	5.2	3.9	4.9	绿	白	嘉兴市桐乡市
7	绿豆	建德绿豆	地方品种	直立	86	90.0	14.3	3.5	黄	18.9	130.8	5.4	黑	16.2	5.3	3.9	6.1	绿	白	杭州市建德市
8	绿豆	金塘绿豆	地方品种	半蔓生	86	67.0	13.0	3.0	浅黄	35.7	97.6	5.3	黑	12.6	4.8	3.6	4.6	绿	白	舟山市定海区
9	绿豆	景宁绿豆	地方品种	蔓生	86	73.0	11.0	3.0	浅黄	38.5	98.0	7.2	褐	12.6	5.3	3.9	5.7	绿	白	丽水市景宁县
10	绿豆	开化绿豆	地方品种	半蔓生	84	53.0	10.2	4.5	浅黄	23.3	122.8	5.9	黑	14.0	5.3	3.9	6.3	绿	白	衢州市开化县
11	绿豆	灵昆绿豆	地方品种	半蔓生	78	57.6	13.8	3.8	浅黄		108.3	6.6	黄白	10.5	5.6	4.1	5.9	绿	白	温州市洞头区
12	绿豆	龙游野绿豆	地方品种	半蔓生	84	52.2	12.5	5.8	浅黄	46.4	104.8	5.5	黑	13.2	5.0	3.7	5.4	绿、黄绿	白	衢州市龙游县
13	绿豆	路桥绿豆	地方品种	半蔓生	84	71.0	14.7	3.0	浅黄	19.8	136.0	5.8	黑	13.2	5.0	3.8	5.1	绿	白	台州市路桥区
14	绿豆	宁海绿豆	地方品种	半蔓生	84	54.0	9.7	4.7	黄	54.3	114.4	6.1	黑	13.0	4.7	3.7	5.0	绿	白	宁波市宁海县
15	绿豆	桐乡绿豆	地方品种	半蔓生	86	61.0	10.3	5.5	黄	51.6	120.4	5.9	黑	12.2	5.2	3.8	5.7	绿	白	嘉兴市桐乡市

续表

序号	作物名称	品种	类型	植株形态	全生育期（天）	株高（cm）	主茎节数	主茎分枝数	花色	单株荚果数	荚果长（mm）	荚果宽（mm）	荚果色	每荚粒数	籽粒长（mm）	籽粒宽（mm）	百粒重（g）	籽粒色	种脐色	采集地
16	绿豆	温绿83	地方品种	半直立	70	89.0	14.5	3.3	黄		112.4	5.2	黑	16.2	4.8	3.7	4.8	绿	白	台州市温岭市
17	绿豆	武义绿豆	地方品种	直立	86	64.0	11.7	3.2	黄	28.5	102.6	5.3	黄白	12.6	5.0	3.8	5.8	绿	白	金华市武义县
18	绿豆	萧山绿豆	地方品种	直立	84	60.0	9.5	4.2	黄	35.4	123.8	6.1	黑	13.4	5.4	3.9	6.3	绿	白	杭州市萧山区
19	绿豆	小黑豆	野生	蔓生	176				黄		56.0	4.0	褐	10.0	3.3	2.8	2.0	褐	白	湖州市长兴县
20	绿豆	小沙绿豆	地方品种	半蔓生	86	59.0	14.0	4.4	浅黄	28.8	111.2	5.5	黑	13.6	4.9	3.7	5.3	绿	白	舟山市定海区
21	绿豆	义乌野生绿豆	野生	蔓生	162				黄		60.4	4.3	黑	11.0	3.3	2.8	2.1	褐、绿	白	金华市义乌市
		最小值			70	52.2	9.5	2.8		18.9	56.0	3.8		9.9	3.3	2.8	1.8			
		最大值			176	90.0	14.7	5.8		54.3	136.0	7.2		16.2	5.6	4.1	6.3			
		平均值			97.2	64.6	12.3	4.0		34.7	103.8	5.5		12.7	4.8	3.7	5.0			

附表6　刀豆资源基本性状

序号	作物名称	品种	全生育期（天）	花色	落叶性	荚果色	荚果长（cm）	荚果宽（cm）	每荚粒数	百粒鲜重（g）	种皮色	种脐色	采集地
1	刀豆	苍南刀豆	170	浅紫	难	黄白	27.7	4.4	7.0	178.8	红褐	黑灰	温州市苍南县
2	刀豆	淳安刀豆	165	浅紫	难	黄白	24.9	4.0	9.7	181.3	红褐	黑灰	杭州市淳安县
3	刀豆	大莱刀豆	165	浅紫	难	黄白	24.3	3.9	10.3	150.0	红褐	黑灰	金华市武义县
4	刀豆	刀豆-1	170	浅紫	难	黄白	24.5	4.2	8.3	235.2	红褐	黑灰	不详
5	刀豆	刀豆-2	170	浅紫	难	黄白	33.2	4.4	10.3	187.5	红褐	黑灰	不详
6	刀豆	刀豆-3	170	白	难	黄白	25.3	3.9	10.3	150.3	红褐	黑灰	不详
7	刀豆	刀豆-4	170	粉白	难	黄白	27.5	4.1	10.3	158.0	红褐	黑灰	不详
8	刀豆	景宁刀豆	165	白	难	黄白	24.8	4.1	8.7	177.5	红褐	黑灰	丽水市景宁县
9	刀豆	开化刀豆	170	浅紫	难	黄白	26.1	3.7	10.0	180.7	红褐	黑灰	衢州市开化县
10	刀豆	青田刀豆	170	浅紫	难	黄白	29.0	3.9	9.7	174.6	红褐	黑灰	丽水市青田县
11	刀豆	衢州刀豆	170	白	难	黄白	22.8	4.0	8.0	221.3	红褐	黑灰	衢州市江山市
12	刀豆	翁源刀豆	170	白	难	黄白	25.2	4.0	10.3	202.7	红褐	黑灰	衢州市衢江区
13	刀豆	溪坪刀豆	170	浅紫	难	黄白	28.7	4.2	10.3	220.6	红褐	黑灰	温州市泰顺县
		最小值	165				22.8	3.7	7.0	150.0			
		最大值	170				33.2	4.4	10.3	235.2			
		平均值	168.8				26.5	4.1	9.5	186.0			

附表7 赤豆资源基本性状

序号	作物名称	品种	全生育期（天）	株高（cm）	主茎节数	主茎分枝数	花色	鲜荚长（mm）	鲜荚宽（mm）	鲜荚厚（mm）	荚果色	每荚粒数	百粒鲜重（g）	籽粒色	种脐色	采集地
1	赤豆	大红袍	89	60.3	18.7	2.3	黄	94	6	6.5	黄	7.8	13.2	红	白	杭州市临安区
2	赤豆	大粒赤豆	81	50.7	19.0	5.0	黄	82	7	6.5	黄	8.4	15.5	红	白	杭州市淳安县
3	赤豆	黑赤豆	90	60.0	18.7	5.7	浅黄	80	5	6.5	黄褐	7.6	6.1	黑	白	杭州市淳安县
4	赤豆	花赤豆	107	66.7	17.3	6.7	黄	135	6	6.5	黄褐	4.2	16.0	黑花纹	白	丽水市庆元县
5	赤豆	黄岩赤豆	99	66.7	19.0	9.0	黄	107	6	6.5	黄褐	9.4	12.9	红	白	台州市黄岩区
6	赤豆	嘉善赤豆	74	64.0	20.3	6.0	黄	99	7	6.5	黄白	10.0	14.6	红	白	嘉兴市嘉善县
7	赤豆	开化赤豆	80	60.3	15.3	7.0	黄	100	6	6.5	黄褐	9.0	14.5	红	白	衢州市开化县
8	赤豆	莲都赤豆	80	64.3	18.0	5.3	浅黄	115	6	6.5	黄褐	8.4	17.0	红	白	丽水市莲都区
9	赤豆	临安清凉峰赤豆	89	53.7	15.7	2.7	黄	104	7	6.5	黄褐	9.6	15.9	红	白	杭州市临安区
10	赤豆	临安湍口赤豆	89	40.5	11.0	4.5	黄	95	7	6.5	黄褐	8.8	16.9	红	白	杭州市临安区
11	赤豆	临安小豆	81	67.3	18.3	5.3	黄	97	7	6.5	黄褐	9.6	13.1	红	白	杭州市临安区
12	赤豆	临海赤豆	80	71.7	18.7	5.7	浅黄	95	6	6.5	黄褐	8.2	13.1	黄、褐	白	台州市临海市
13	赤豆	龙游赤豆	89	62.0	16.7	6.0	浅黄	116	7	6.5	黄褐	9.2	13.7	红	白	衢州市龙游县
14	赤豆	龙游土赤豆	89	69.7	21.0	6.7	浅黄	119	6	6.5	黄褐	8.2	13.7	红	白	衢州市龙游县

续表

序号	作物名称	品种	全生育期（天）	株高（cm）	主茎节数	主茎分枝数	花色	鲜荚长（mm）	鲜荚宽（mm）	鲜荚厚（mm）	荚果色	每荚粒数	百粒鲜重（g）	籽粒色	种脐色	采集地
15	赤豆	平湖赤豆	74	52.3	17.0	6.3	浅黄	93	8	6.5	黄	7.2	21.4	红	白	嘉兴市平湖市
16	赤豆	庆元赤豆-1	99	49.3	16.7	8.3	黄	101	6	6.5	黄褐	6.2	9.5	红	白	丽水市庆元县
17	赤豆	庆元赤豆-2	99	57.0	18.7	6.3	浅黄	95	7	6.5	黄褐	7.8	14.3	红	白	丽水市庆元县
18	赤豆	衢江赤豆	99	39.7	14.3	6.0	黄	90	6	6.5	黑	7.8	9.8	红	白	衢州市衢江区
19	赤豆	双条赤	99	52.7	14.3	3.7	黄	85	6	6.5	黑	8.6	12.0	红	白	绍兴市诸暨市
20	赤豆	松阳大红袍赤豆	89	61.7	21.7	7.0	黄	113	7	6.5	黑	10.2	13.0	红	白	丽水市松阳县
21	赤豆	土赤豆	90	57.0	17.7	8.3	黄	73	6	6.5	黄褐	7.4	9.8	红	白	金华市武义县
22	赤豆	吴兴赤豆	89	99.3	18.3	5.0	浅黄	108	7	6.5	黄褐	10.2	15.7	红	白	湖州市吴兴区
23	赤豆	武义赤豆	107	47.3	15.0	8.3	浅黄	96	6	6.5	黄褐	8.8	10.7	红	白	金华市武义县
24	赤豆	武义土赤豆	89	60.3	19.5	5.5	黄	108	8	6.5	黄褐	8.4	18.2	红	白	金华市武义县
25	赤豆	仙居赤豆	99	94.0	19.3	5.3	黄	108	6	6.5	黄褐	9.8	13.9	红	白	台州市仙居县
26	赤豆	诸暨大红袍赤豆	99	87.3	19.3	6.0	黄	98	5	6.5	黄褐	9.4	11.6	红	白	绍兴市诸暨市
		最小值	74	39.7	11.0	2.3		73	5	6.5		4.2	6.1			
		最大值	107	99.3	21.7	9.0		135	8	6.5		10.2	21.4			
		平均值	90.3	62.1	17.7	5.9		100.2	6.4	6.5		8.5	13.7			

附表8 藜豆资源基本性状

序号	作物名称	品种	全生育期（天）	花冠色	花冠长（cm）	雄蕊数	顶生叶长（cm）	顶生叶宽（cm）	荚果长（cm）	荚果宽（cm）	每荚粒数	百粒鲜重（g）	籽粒色	籽粒长（cm）	籽粒宽（cm）	采集地
1	藜豆	淳安藜豆	220	深紫	2.5～3.0	（9）+1	6.0～9.0	4.5～7.0	10.2	1.9	5.3	114.9	灰白	1.6	1.2	杭州市淳安县
2	藜豆	庆元藜豆	180	深紫	2.5～3.0	（9）+1	6.0～9.0	4.5～7.0	10.8	2.0	5.3	94.6	灰白	1.5	1.2	丽水市庆元县
3	藜豆	衢江藜豆	180	深紫	2.5～3.0	（9）+1	6.0～9.0	4.5～7.0	10.7	2.0	5.7	114.5	灰白	1.6	1.2	衢州市衢江区
4	藜豆	瑞安藜豆	180	深紫	2.5～3.0	（9）+1	6.0～9.0	4.5～7.0	10.5	2.0	5.3	125.0	灰白	1.7	1.3	温州市瑞安市
5	藜豆	遂昌藜豆	220	深紫	2.5～3.0	（9）+1	6.0～9.0	4.5～7.0	10.7	1.8	5.7	99.0	灰白	1.5	1.0	丽水市遂昌县
6	藜豆	武义藜豆	180	深紫	2.5～3.0	（9）+1	6.0～9.0	4.5～7.0	10.5	2.0	5.3	125.0	灰白	1.7	1.3	金华市武义县
7	藜豆	野藜豆	220	深紫	2.5～3.0	（9）+1	6.0～9.0	4.5～7.0	10.4	2.1	5.7	110.5	灰白	1.6	1.2	不详
		最小值	180						10.2	1.8	5.3	94.6		1.5	1.0	
		最大值	220						10.8	2.1	5.7	125.0		1.7	1.3	
		平均值	197.1						10.5	2.0	5.5	111.9		1.6	1.2	

附表9 利马豆资源基本性状

序号	作物名称	品种	单株分枝数	茎粗（mm）	花冠色	单株荚果数	荚果长（cm）	荚果宽（cm）	每荚籽粒数	籽粒长（mm）	籽粒宽（mm）	籽粒色	种脐色	百粒重（g）	采集地
1	利马豆	常山白扁豆	2.3	9.9	白、黄	19	7.1	1.8	2.8	14.2	10.0	白	白	51.0	衢州市常山县
2	利马豆	姑娘豆	3.3	9.5	白、黄	15	8.3	2.2	2.9	17.0	12.2	白	白	81.4	台州市黄岩区
3	利马豆	红扁豆	4.5	10.1	白、黄	13	8.7	2.1	3.5	16.2	11.2	红	白	62.9	嘉兴市平湖市
4	利马豆	瑞安白银豆	3.0	11.0	白、黄	21	8.6	2.2	2.9	15.9	11.0	白	白	63.0	温州市瑞安市
5	利马豆	仙居白扁豆	5.7	8.8	白、黄	14	8.6	2.0	3.7	14.9	10.7	白	白	60.0	台州市仙居县
		最小值	2.3	8.8		13	7.1	1.8	2.8	14.2	10.0			51.0	
		最大值	5.7	11.0		21	8.7	2.2	3.7	17.0	12.2			81.4	
		平均值	3.8	9.9		16.4	8.3	2.1	3.2	15.6	11.0			63.7	

附表10 豇豆资源基本性状

序号	作物名称	品种	熟期	株高（cm）	茎粗（mm）	主茎节数	主茎分枝数	花冠色	单株荚果数	荚果长（cm）	荚果宽（cm）	荚果色	每荚粒数	籽粒长（mm）	籽粒宽（mm）	籽粒色	种脐色	百粒重（g）	采集地
1	豇豆	东阳乌豇豆	早	106	11.4	11.3	9.3	浅紫	11.4	20.6	0.9	黄褐	14.4	8.8	5.7	黑	白	15.1	金华市东阳市
2	豇豆	景宁饭豆	早	190	12.7	21.7	8.7	浅紫	9.7	18.8	1.0	黄白	15.0	8.1	6.3	白	白	19.8	丽水市景宁县
3	豇豆	浦江土乌豇	早	77	9.0	17.0	8.3	浅紫	10.4	15.7	0.7	黄白	10.6	8.9	5.7	黑	白	14.1	金华市浦江县
4	豇豆	松阳白饭豆	早	203	9.1	16.0	4.7	乳白	19.5	20.5	1.0	黄褐	14.8	8.1	5.6	白	白	14.8	丽水市松阳县
		最小值		77	9.0	11.3	4.7		9.7	15.7	0.7		10.6	8.1	5.6			14.1	
		最大值		203	12.7	21.7	9.3		19.5	20.6	1.0		15.0	8.9	6.3			19.8	
		平均值		144.0	10.6	16.5	7.8		12.8	18.9	0.9		13.7	8.5	5.8			16.0	

索　引

J

K

L

M

N

P

Q

R

S

T

W